调饮中国茶

蔡烈伟 著

化学工业出版社
·北京·

内容简介

《调饮中国茶》系统地阐述了新式茶饮的起源与发展、茶基底原料、调配料、调制器具、调制方法等5个部分内容。茶基底原料主要介绍中国六大传统茶类（绿茶、红茶、白茶、黑茶、青茶、黄茶）和花茶的特点及其在新茶饮中的应用。调配料则按照当前新式茶饮中常用的水果、蔬菜、牛奶、糖等原辅料及调配料进行说明。调制器具主要介绍饮品调制过程中常用的加热、制冷设备，计量及混匀器具、原料处理与调制器具及其使用维护。调饮方法则以案例形式，分别介绍奶茶、水果茶、蔬菜茶、奶盖茶、茶与咖啡（可可）混合茶、鸡尾酒茶、气泡茶等几类主要现制饮品的原料选择、调制器具、调制技术参数和方法等。全书共用330多幅图片把核心内容和关键步骤演示出来，图文并茂，以方便读者阅读理解，或者参照实践。

本书可作为茶学、旅游、茶艺与茶文化、食品工程等相关专业领域教学用书和培训教材，也可作为茶文化、茶艺、食品饮料研究人员及茶艺爱好者的参考资料，以及调饮师职业技能等级认定考试的参考用书。

图书在版编目（CIP）数据

调饮中国茶 / 蔡烈伟著. -- 北京 : 化学工业出版社，2026. 3. -- ISBN 978-7-122-49868-7

Ⅰ. TS275. 2

中国国家版本馆CIP数据核字第202619CH59号

责任编辑：王嘉一　迟　蕾　李植峰　　装帧设计：梧桐影

责任校对：刘　一

出版发行：化学工业出版社

（北京市东城区青年湖南街13号　邮政编码100011）

印　　装：河北京平诚乾印刷有限公司

787mm × 1092mm　1/16　印张12½　字数182千字

2026年5月北京第1版第1次印刷

购书咨询：010-64518888　　售后服务：010-64518899

网　　址：http://www.cip.com.cn

凡购买本书，如有缺损质量问题，本社销售中心负责调换。

定　　价：59.80元

是怀古，亦是进步——为《调饮中国茶》序

“酒醇饭香茶浓，花鲜月明人寿”。茶，渗透于日常点滴，映照着世间百态。于寻常百姓而言，柴米油盐酱醋茶，勾勒生活的质朴轮廓；而文人墨客，则寄情于琴棋书画诗酒茶，追求超脱尘世的雅致与惬意。茶，不分贵贱，不问年龄，但凡能品其韵味者，皆可于其中觅得一份超脱世俗的清凉与宁静。

这片承载千年风华的茶叶，其冲泡之法千变万化，既有传统清饮之纯粹，亦有调饮之丰富，两者并行不悖，共同编织着中国茶文化的绚丽篇章。余悦老师在《清饮与调饮：中国两大饮茶方式的时空嬗变》中指出，两者皆为国粹，承载着茶文化的深厚底蕴。茶之为用，其价值先在于药用，与其他中草药相辅相成，熬煮成药汤。之后演变成食用，在煮饮的茶汤中加入姜、盐等调味品。时至今日，调饮茶之风犹存，蒙古族奶茶、白族三道茶、西南地区少数民族的打油茶等，皆是这一传统的生动演绎。

人们对于清饮法和调饮法的偏好和看法差异自古有之，唐代陆羽在《茶经》中记载了添加佐料煮制茶汤的调饮方法，还表达其不予肯定的态度。宋代蔡襄在《茶录·论茶》中更是明确指出：“茶有真香。而入贡者微以龙脑和膏，欲助其香。建安民间皆不入香，恐夺其真。若烹点之际，又杂珍果香草，其夺益甚，正当不用。” 此语道出了许多茶人坚守清饮，唯恐佐料掩盖茶

之本真的心声。而大众百姓常有在烹茶时加入佐料的做法，以增风味，此俗流传至今。历史上这种上流清饮、主流却是调饮的饮茶分层到明代产生变化，调饮茶在当时社会达到了新高度。顾元庆在《云林遗事》中记载：“元镇素好饮茶，在惠山中，用核桃、松子肉和真粉成小块如石状置茶中，名曰清泉白石茶。”这古老的调制智慧在新式茶饮中焕发新生，大学校园的学生街、城市商圈的步行街，奶茶店林立，一杯杯创意无限的茶饮，正是蔡烈伟教授笔下“新式茶饮”的生动实践，深受年轻一代的喜爱与追捧。

目前市面上销售的茶叶大致可分为三类：一类是精工细做的高端茶，产品个性鲜明，风味独特，采摘生态良好、管理规范的鲜叶原料，由工匠大师精心制作，遵循严苛工艺，成就名优品质；二是标准统一的大众茶，产品标准统一，质量稳定，按照标准进行科学生产，根据原料进行合理化拼配，以维持产品质量的均衡和品牌的信誉；最后一类就是新式茶饮，所用茶基底原料不以形美为尚，强调香气高锐、滋味浓强，可以是多种茶类的拼配茶叶，也可以是用水果、鲜花窨制的茶品，其生产加工的工业化程度更高。这三种茶的生产与消费互相之间并不冲突，唯有齐驱并进，方能融汇茶叶贸易之江河，拓宽消费之疆域。统计数据显示，在新式茶饮的舞台上，40岁以下的新生代青年正扮演着主角，他们不仅是潮流的引领者，更是传统与现代交融的桥梁。近半数的“90后”消费群体在这一过程中认识了更多的传统中国茶，激发了前所未有的热爱与向往。

清饮法与调饮法一同走过千年，并行至今，自唐代以来清饮虽为主导，调饮亦未曾黯淡。如今，我国新式茶饮行业蓬勃兴起，产业规模飞速发展，调饮茶几近与传统清饮平分秋色，尤在青年群体中独领风骚。此风尚不仅重塑了茶叶消费格局，更让年轻一代成为推动茶业发展的新动力。在此基础上，调饮师之职业应运而生，正式纳入《中华人民共和国职业分类大典》，国家人力资源和社会保障部与中华全国供销合作总社还联合颁布了《调饮师国家职业标准（2023年版）》，新式茶饮已然成为中国茶业的璀璨新星。

中国茶香飘世界，此愿虽宏，道阻且长。欧美国家的人们喜欢饮用冷水，习惯在饮品中添加糖和奶，与清饮之道大相径庭。而调饮法却能跨越文化鸿沟，与国际茶消费习惯共鸣。奈雪的茶、霸王茶姬、蜜雪冰城等新茶饮品牌已经在众多国家展现出中国调饮茶的无穷魅力，相信随着新式茶饮产业的海外拓展和调饮文化的推广传播，定能在异国他乡绽放异彩，青云直上。如果说调饮茶是对千年前茶叶饮用方式的怀古，我觉得如今的新式茶饮就是中国茶叶生产、销售、品饮和传播的一种进化。

在我国新式茶饮从成长到成型的这十年间，蔡烈伟教授深耕新式茶饮产业发展足迹，从茶基底品质到调制技术，从企业实践到学术研究，无不倾注心血。《调饮中国茶》一书是一部历史与现代的交响，书中梳理了调饮茶演变的历史进程及新式茶饮的起源与发展，系统介绍了新式茶饮的茶基底、调配料及调制过程中常用的调制器具。全书图文并茂，以实际作品为例介绍了奶茶、水果茶、奶盖茶、蔬菜茶等七大类新式茶饮产品的调制技术，堪称新式茶饮之“宝典”，为业界提供了宝贵的参考与指引，也为未来茶业的发展提供了创新思路和探索。

《调饮中国茶》，一名之中，蕴含万千。它不仅是中国的调饮茶，更是茶文化的传承与创新，展现了茶人不断钻研、勇于探索的精神风貌。怀古非伤今，于茶人而言，每一次回望，都是向前的力量。感谢蔡教授之信任，让我有幸为此书作序。愿此书能成为连接古今、沟通中外的桥梁，无论是喜欢清饮的茶客，还是对调饮茶感兴趣的朋友，都推荐阅读这本书，以领略调饮茶的魅力，享受茶汤中的美好时光。

愿调饮茶携中国茶文化之精髓，在更广阔的土地上绽放璀璨光芒。

王岳飞

2025年8月20日于杭州紫金港

（王岳飞，中国国际茶文化研究会副会长，中国茶叶学会副理事长，浙江省茶叶学会理事长，浙江大学求是特聘教授、博士生导师，浙江大学茶学学科带头人，浙江大学茶叶研究所所长，浙江大学茶学专业负责人。国务院学科评议组成员，农业农村部茶叶专家指导组成员，中国科协全国首席科学传播茶学专家，浙江省教学名师。）

流韵标香领先行——蔡烈伟《调饮中国茶》序

"三伏天生燥，万物皆困苦。"（宋·赵师秀）

正值入伏时节，天气逐渐酷热。喜读烈伟教授新作《调饮中国茶》，顿觉清凉自生，暑气消减，茶韵书香，沁人肺腑。

中国饮茶史，始自调饮，继以清饮，两者并行不悖，各领风骚。近些年来，新式茶饮异军突起，风靡各地。虽然饮之者众，但思之者寡，调饮普及读物寥寥无几，研究著作更是凤毛麟角。如今，烈伟新作《调饮中国茶》即将问世，风致高标，独树一帜，茶书再添新著，调饮又开新风。

《调饮中国茶》是一本研究之作。

目睹新式茶饮飞速发展，理论研究显著滞后，从2018年8月起，烈伟冷静观察，潜心构思，一直致力于该书写作的材料准备，补充完善。特别是2020年开始，他先后主持福建省科研项目"新式茶饮专用茶加工技术研究与应用"、宁德师范学院课题"新式茶饮产品开发与调制技术研究"的专门攻关，取得了可喜的科研成果。这些心血结晶，都融入了这本著作。

《调饮中国茶》是一本创新之作。

调饮茶的研究，不能停留在概念的演绎，已有的总结，更要在此基础上，知行合一，创意创新，开发新产品，造福消费者。为此，烈伟和奈雪的茶合作共建研发室，推出符合大众需要又具有市场的饮品。同时，他们还合作制定了5项新式茶饮的系列团体标准，倡导科学、健康、绿色、生态理念，让产品有章可依，评价有规可循。

《调饮中国茶》是一本实用之作。

全书文字简练，图片丰富，10多万字的篇幅，图片多达330来张。书中的主要内容，既包括理论阐释，又侧重知识传授。对于基底茶、调配料、调制器具和调饮方法，均予详细解说。实操部分，有一般过程的介绍，如茶汤制备、物料处理、原辅料混合、摇茶调制、造型出品的环节；又以典型产品调制为案例，依序按照作品名称、作品介绍、原料配料、主要用具、调制参数、调制步骤等，用图片和文字展示。如此详尽，便于学习者参考，也有益从业者创新，还帮助创业者借鉴。自己研发的知识与技能，乐于奉献社会的情怀，令人敬佩，值得倡导！

作为茶文化研究者，对于《调饮中国茶》的实用性，我虽然赞叹有加，但更看重其思想的深度与思考的广度。该书对于调饮茶与新式茶饮，梳理源头，明晰流变，前瞻未来，都有自身见解。早在2010年，我曾针对流传的“中国是清饮，外国是调饮”之说，在日本京都讲课时，作了《清饮与调饮：中国两大饮茶方式的时空嬗变》的讲授。如今，烈伟更进一步认为：“从世界范围的饮茶方式来看，我国饮茶法的传播或保留，一直都是调饮法与清饮法并行的，许多区域甚至还是以调饮法居多。”“新式茶饮是随着社会经济的发展，人们生活水平的提高，从而在我国传统调饮茶基础上不断创新而演化形成的新型饮茶方式。”这一结论，是回顾调饮茶在中国发展演变、调饮茶承续特色得出的，具有充分的历史基础和事实依据。同时，烈伟基于中国区域内调茶方式和经营管理的整体考察，将中国新式茶饮分为四个发展阶段：以港式奶茶和珍珠奶茶为主要表现的新茶饮原始阶段，以粉末冲调和小店连锁销售为特色的新茶饮萌芽阶段，以低档茶末为原料连锁经营的快速成长阶段，以原茶、鲜奶、水果等为原料调制新式茶饮的成熟阶段。至于新式茶饮的未来发展，烈伟预测其方向是：产品呈现时尚化，饮品调制标准化，营养功能健康化，调饮原料专用化，品牌营销多元化。烈伟的这些论述，虽然并无繁复的考据，却以平铺直叙的事实，传递出真实与洞见。

《调饮中国茶》得以成为佳构，自然是作者孜孜以求、长期积累、学术功力的聚合体现。烈伟的家乡湖北，是中国最早种茶与饮茶的地区之一。他1991年毕业于浙江大学茶学系，曾在位于长江中上游茶区的宜昌市农业局从事茶叶技术推广工作，后到湖北三峡职业技术学院任教，并于2002年创办茶文化专业，主持茶产业科技和茶文化专业建设的探讨与实践。2009年他来到茶文化底蕴深厚、茶产业经济发达的福建，任漳州科技学院（天福茶学院）教务处处长、科研处处长、副校长，担负起教学、科研、学校管理的重任，作出卓越贡献。2019 年，他又由学校管理者实现华丽转身，作为学科带头人被引进到宁德师范学院，成功申办茶学本科专业，致力于茶学的教学、研究和推广工作。烈伟是首届中华茶文化优秀教师、福建省高校教学名师、福建省茶文化/茶叶生产加工技术专业带头人，主持国家“十二五”科技支撑计划等科研项目和省级以上教育教学研究项目17项，获各类成果奖励9项，其中省、部级科技进步二等奖2项，福建省教学成果特等奖1项。他还出版和主编《楚天茶话》《茶树栽培技术》《茶叶深加工技术》《茶学应用知识》等专著和国家规划教材6部，获国家授权发明专利9项。正是长期的坚持不懈与厚积薄发，《调饮中国茶》的撰写才游刃有余。

我与烈伟交往20多年，亲眼所见他的进步发展。虽然我参加工作之后他才出生，但年龄差距并没有成为我们交谊的障碍。他待人诚恳，作风踏实，工作稳健，事业有为。每每主持或者参加活动，发表真知灼见，他都展现出平和的格调、平稳的风格、平易的态度，既积极参与，又不事张扬，获得广泛的赞赏。烈伟曾多次邀请我出席论坛，担任大赛评委，在一次又一次的耳闻目睹中，见证了他的勤奋努力、一丝不苟。我主持《茶艺师国家职业技能标准》编撰工作，邀请烈伟参加专家论证会。他提出的意见，得到与会专家的一致赞同，被吸收到修改定稿之中。近些年来，我在推动茶文化时多次强调要关注调饮茶，关注新式茶饮，并且身体力行，调查体验新式茶饮，担任调饮大赛评委、全国调饮大赛总指导。我一贯认为：茶文化的未来，在于年轻人。只有与年轻人交朋友，了解大众对茶文化的新诉求，社会对茶产业的新要求，我们这些年事已高者，才会有新的知识、新的活力。从与烈伟的交流之中，在《调饮中国茶》的阅读中，我再一次深有感触，获益良多。烈伟正当盛年，有能力为中国茶文化和茶产业、茶科技做出新的贡献，创造新的辉煌，这也是我们所期盼的。

俗话说："文如其人。"《调饮中国茶》一书的平实、平易，正是作者人格的体现。

与此同时，“茶如其人”。《调饮中国茶》展示的五彩缤纷茶饮，也是作者多彩人生的彰显。

绿英调和滋味新，流韵标香领先行。

烈伟新作出版，我有幸成为最早的阅读者。随手写下学习心得，呈为受邀作序答卷。

余悦

2025年7月18日于洪都旷达斋

（余悦，江西省社会科学院首席研究员，中国茶文化重点学科带头人，浙江大学茶叶研究所特聘教授，浙江树人学院全聘教授，九江职业大学特聘教授，万里茶道茶学院院长，湖北大学国家社科基金重大课题“万里茶道茶业资料搜集整理与研究”项目学术委员会主任，《茶艺师国家职业技能标准》编制专家组组长、总主笔。）

前言

历时六年，《调饮中国茶》终于要出版了！

从2018年8月在深圳新荣阳食品科技有限公司拍摄第一张图片，开始撰写书稿到现在整整六年。回顾自己学习和研究调饮茶的经历，心中颇有感慨。

2011年5月，天福集团旗下的奶茶品牌“放牛斑”诞生，主要是在天福茗茶门店的基础上扩张新的赛道。当时本人在天福茶学院（现漳州科技学院）任职，因为有许多学生在门店就业，从了解他们的就业状况开始关注奶茶行业，没想到从此与调饮茶结下不解之缘，新式茶饮成为我这些年研究工作的重点。后来的几年，新式茶饮蓬勃发展，并迅速成为茶产业经济最快的增长点。许多新式茶饮企业提出人才需求，希望学校能够培养更多的能够从事新茶饮产品研发、茶叶原料拼配、茶基底配送、饮品调制及茶饮门店经营管理等方面工作的人才。

新式茶饮节奏快，变化多，其从业人员需要有良好的服务意识和创新思维，有系统的茶与食品科学素养，而国内还没有相关的教学课程，甚至当前的新式茶饮还没有系统的理论体系和技能规范。有鉴于此，本人觉得有必要编写一部关于新式茶饮的书，希望通过这部书梳理清楚中国传统调饮茶和新式茶饮之间的渊源和传承，对新式茶饮中茶基底原料、调制设备与器具、调配所需原料、辅料及各种茶饮的调制方法等进行系统介绍，以帮助从业者、消费者或是爱好者能够了解一杯新茶饮中的内涵与价值，也算是对茶文化、茶产业和茶科技的一点延伸，一丝贡献。

在编写本书的六年里，我常常感叹自己的学习能力跟不上年轻人的创新能力，整理书稿的速度跟不上新式茶饮升级的步伐，甚至是刚完成部分内容就发现有的东西已经被淘汰。似乎新式茶饮从初始到如今一直就是年轻人的世界，创品牌的、做研发的、搞策划的、开店面的，甚至消费的主体，都是这些年轻人。可能也正是因为这样，新式茶饮才表现出独特的青春气息，浓郁的创新氛围，强烈的创业激情。从一家店面到几十上百家店面，从一座城市到几十上百座城市，从国内到国外，这个群体在茶饮事业进程中不知疲倦，勤勤恳恳。我曾经多次陪同新式茶饮品牌企业和供应链企业的负责人到茶原料基地实地访厂考察，发现这些企业家有一个共同的特点，那就是敬业、勤奋、专业。为开发一个新品，为找到合适的原料，他们不辞辛劳，自己开车上茶山，每天行程数百公里，看茶园生态，访厂房设备，谈生产工艺，评原料品质，就为调制出一杯受欢迎的茶汤作品。他们的努力为茶产业注入了强劲的活力，他们的成果为茶文化增添了丰富的色彩。作为一个学习茶、推广茶、从事茶学教育的人，我们有责任有义务也为这个新兴行业添砖加瓦。

这六年是新式茶饮发展最快的几年，是茶饮品牌纷纷兴起，从竞争无序到理性再逐渐规范的几年。这期间，2021年调饮师入选人力资源和社会保障部、国家市场监督管理总局、国家统计局联合发布的新职业信息名单；2023年人力资源和社会保障部、中华全国供销合作总社制定了《调饮师国家职业标准（2023年版）》；新式茶饮品牌奈雪的茶、茶百道先后在香港上市。这期间新式茶饮市场规模也从2018年的534亿元增长到2024年的3547亿元。还有越来越多的茶饮品牌走出国门，走向世界。新式茶饮的产品设计开发和调制具有自然属性，其饮用与营销传播具有社会属性，是在茶科技与茶文化共同创新发展的基础上形成的新兴茶产业业态。新兴行业催生新型职业，伴随着新式茶饮产业的发展，调饮师职业的出现，《调饮中国茶》的出版正当其时，颇有意义。

本书的书名也是经过反复酝酿思考后确定的，主要基于两点考虑。一是新式茶饮实质上是新时代的调饮茶，是对中国传统调饮茶的一种创新。茶的调饮有悠久的历史，有丰富的形式，新式茶饮是这一代人赋予其生机和活力后的一种新业态。二是因为新式茶饮这个名词还没有权威而准确的定义，有称新茶饮，有称新中式茶饮，还有人直接以奶茶代替。因此，《调饮中国茶》强调新式茶饮是中国人一以贯之的调饮方法，也是叙写以中国茶调制饮品的方法。调饮中国茶，是中国茶的调饮，也是中国人的调饮。

《调饮中国茶》由新式茶饮的起源与发展、茶基底原料、调配料、调制器具、调制方法等5个部分组成。茶基底原料主要介绍不同茶区绿茶、红茶、白茶、黑茶、青茶、黄茶等六大传统茶类和花茶等再加工茶的特点及其在新茶饮中的应用。调配料则按照当前新式茶饮中常用的水果、蔬菜、牛奶、糖等原辅料及调配料进行说明。调制器具主要介绍饮品调制过程中常用的加热、制冷设备，计量及混匀器具、原料处理及调制器具及其使用维护。调饮方法则以案例形式，分别介绍奶茶、水果茶、蔬菜茶、奶盖茶、茶与咖啡（可可）混合茶、鸡尾酒茶、气泡茶等几类主要现制饮品的原料选择、调制器具、调制技术参数和方法等。全书共用330多幅图片把核心内容和关键步骤演示出来，图文并茂，以方便读者阅读理解，或者参照实践。为对接调饮师职业等级考试，书中专门把《调饮师国家职业标准（2023年版）》作为附录。

在这几年的研究过程中，许多企业和机构给予了很大帮助。深圳市品道餐饮管理有限公司奈雪的茶创始人彭心专门资助建设了新式茶饮研究中心，以支持相关领域的研究与教学。深圳市意利投资控股有限公司、漳州市茗之趣茶叶有限公司、一代佳香（漳州）有机茶有限公司、建瓯市建斌茶厂等企业提供了大量研究材料。

在书稿撰写过程中，王岳飞教授、尹军峰研究员、余悦研究员、苏峰教授、孙云教授等都给予了大力的支持和鼓励，王岳飞教授和余悦研究员还审阅书稿并惠赐序言。特别要感谢我的夫人陈开梅，她利用在新式茶饮供应链从事茶基底原料开发与加工的便利，在我撰写书稿和采集图片的时候，陪伴我到茶区调研，到企业制样，拼配原料，调制饮品，把文稿内容与生产实践结合起来进行验证、修正，对书稿的完成做出很大贡献。

本书是福建省科技厅引导性项目“新式茶饮专用茶开发及加工技术研究”（2020N0037）和宁德师范学院人才项目“新式茶饮产品开发及调制技术研究”（2020Y01）研究的部分成果，其出版发行由闽东之光研究院资助。本书能够顺利完成得到学校各级领导、茶学系和茶叶审评中心同仁的大力支持，陈鹏辉、刘琴、陈志鹏、黄颖烨等一批同学参与饮品调制过程的图片拍摄，付出了辛勤的劳动。化学工业出版社编辑给予了诸多鼓励和指导。在此，一并致以由衷的谢意。

实践总是走在理论的前面，当本书发行的时候，估计新式茶饮行业又出了一些新品，创了一些品牌，多了一些技术，这些新饮品、新型的器具、创新的方法都无法在书中体现出来。限于本人学识水平，书中疏漏之处在所难免，恳请广大读者批评指正。

唯愿一杯中国茶调出健康美好生活。

蔡烈伟

目录

1 调饮茶与新式茶饮

2 茶基底原料

3 调配料

1

调饮茶与新式茶饮

新式茶饮也称新中式茶饮、新茶饮、现制茶饮，是以茶叶为原料，通过不同萃取方式现场提取茶汤，再加入鲜牛奶、奶制品或新鲜水果、蔬菜、果蔬制品、谷物、香料或中草药等等各种原辅料，现场调制并销售的茶饮料。新式茶饮是随着社会经济的发展、人们生活水平的提高，在我国传统调饮茶基础上不断创新而演化形成的新型饮茶方式。

历史上中国茶的饮用方式有清饮法和调饮法之分。清饮法就是将茶叶放入茶壶或者茶杯中，加入沸水冲泡后，品尝浸泡出来的茶汤。清饮法的特点是饮用过程中不在茶汤中添加任何调味品。调饮法是指在茶汤中加入一种或几种调味品进行调和后再饮用的方式。调饮法的特点是煮制或饮用过程中在茶汤中加入糖、盐、奶、姜、芝麻、水果或果仁等其他佐料，以调配茶汤的滋味、香气或营养保健功能。

中华民族的祖先发现茶树，利用茶叶，从最初的药用，演变为饮食，再逐步发展成为日常生活中的饮料。饮茶方式由我国南方传入北方，由国内传到海外，逐渐形成世界各国丰富多彩的饮茶文化。从世界范围的饮茶方式来看，在这个发展过程中，我国饮茶法的传播或传承一直都是调饮法与清饮法并行的，甚至许多区域的饮茶方式还是以调饮法居多。

1.1　新式茶饮的起源

从中国的饮茶历史来看，调饮法先于清饮法，饮茶的发展是由调饮法逐渐过渡到清饮法的。在中国饮茶盛行的唐宋时期，人们常常把团茶、饼茶碾碎，再加调味品烹煮后饮用。即使随着制茶工艺的革新、散茶的创制，饮茶方法逐渐改为小撮泡饮以后，也有在泡好的茶汤中加入糖、奶、松子仁等调味佐料再饮用的做法。这种饮用方法逐渐传播到我国各少数民族地区和欧美各国，并一直存续下来。

1. 调饮茶在我国的发展演变

秦汉以前，茶的应用主要是作为菜食或者药用。唐代陈藏器在他的《本草拾遗》一书中强调茶的药功卓著，写道：“诸药为各病之药，茶为万病之药。”古代人们在利用茶的过程中，发现不同食物佐料与茶共煮成羹后食用或饮用，能有效地减少茶叶的苦涩味，并且有更好的果腹效果。这个发现及其饮用方式逐渐演变形成茶的调饮习惯。

我国早期文字记载比较详细介绍的饮茶方法就是调饮法。三国时期魏人张揖在其《广雅》中记载：“荆、巴间采叶作饼……先炙令赤色，捣末置瓷器中，以汤浇覆之，用葱、姜、橘子芼之，其饮醒酒，令人不眠。”就是记载当时将茶叶与其他调料或食物调配后再饮用的过程。

宋朝蔡绦在《铁围山丛谈》中提出“茶之尚，盖自唐人始，至本朝为盛。”这就是人们常说的茶兴于唐、盛于宋。在饮茶兴盛的唐宋时期，调饮茶也是占有重要地位的。

陆羽在《茶经》中记载唐代民间饮茶习俗，“或用葱、姜、枣、橘皮、茱萸、薄荷之等，煮之百沸”（见《茶经·六之饮》），即在茶汤中加入各种调味料煮沸后再饮用。即便是当时文人的清淡饮茶法，也会在烧水初沸时放点食盐调成咸味，再加入碾碎过筛后的茶粉，搅匀后稍微煮沸，然后舀入茶碗中，待温度降至适口时趁热饮用。以是否在茶汤中加入调料为区别，当时的饮茶方式分为“调饮法”和“清饮法”，两种饮茶方式并行发展并传承至今。

在唐代，无论是南方还是北方，我国少数民族地区的饮茶方式都是以调饮为主。唐贞观十五年（641年），文成公主远嫁吐蕃松赞干布，带去了茶叶，也开启了酥油茶的饮用历史。中唐时期的李繁在《邺侯家传》中记载：“皇孙奉节王煎茶加酥椒之类，求泌作诗。”其父李泌作诗“旋沫翻成碧玉池，添酥散出琉璃眼”，描述的就是唐德宗李适煎茶的事。奉节王就是后来的唐德宗，“酥”是指发酵后的奶制品。这说明中唐煎茶也多有添加佐料的习惯，并具备了奶茶的雏形。研究认为这种奶茶的品饮法是15 世纪随藏传佛教的传播逐步传入蒙古族、哈萨克族等草原民族部落。随着茶叶的传播，这种饮用方式也逐渐被带入西方，形成后来的荷式奶茶和英式奶茶，而后，奶茶又从英国传入我国香港、台湾地区，饮茶方式相似，只是所用茶基底不同。

樊绰在《蛮书》（864年）中也记载有云南少数民族饮茶“以椒、姜、桂和烹而饮之”的习惯。

在蔡襄的《茶录》中有记载："茶有真香。而入贡者微以龙脑和膏，欲助其香。建安民间皆不入香，恐夺其真。若烹点之际，又杂珍果香草，其夺益甚，正当不用。"说明那个时期依然有许多地方在制茶、饮茶时会用香料、果品等佐料增加茶叶香气和滋味，常见的有龙脑、核桃、松子、芝麻等。可见，在宋代，调饮的习惯仍然存在，只是越来越多的饮茶人强调清饮，在茶汤中渐渐地不再添加咸味或香料。

茶的调饮在元代特别丰富，出现与当代调饮类似的水果茶和奶茶。元代泡茶多用末茶，且杂以米面、麦面、酥油，其调饮茶风味变化万千，用各种果品调制茶汤相当普遍，这类似于现在新式茶饮中的水果茶。以果品入茶的记载频繁出现在元代杂剧中，如茶汤中加木瓜的"木瓜茶"、加杏仁的"杏汤"，有在茶中放乌梅煎制的"梅茶"，还有用荔枝调制的"荔枝膏茶"、以橙子的果肉调制的"金橙茶"等。元代蒙古族医学家忽思慧撰写的《饮膳正要》被称为是中国第一部有关食物营养与疗效的营养学专著，书中还记载了一种奶茶的制法，就是在锅里将新鲜的牛奶和酥油、茶叶一同煎炒，饮用。这与当前的奶茶调制异曲同工。

明代朱元璋罢制团茶后，绝大部分茶区渐渐不再制作团茶、饼茶，改为制作散形叶茶，因此泡饮方法与现在的 "清饮法"相似，即将茶叶投入茶壶或茶杯中，开水冲泡，品饮茶汤。但清饮法在当时并不普及，传统的调饮习惯依然保留在众多少数民族地区，包括许多汉民族居住区也有调饮的方式存在。明代还出现了调制茶汤时运用果仁和淀粉的记载。顾元庆在《云林遗事》中记载著名画家倪瓒调制茶饮的过程："倪元镇性好饮茶，在惠山中，用核桃、松子肉和真粉成小块如石状，置于茶中饮之，名曰清泉白石。"就是用核桃、松子肉和真粉调制成团，混在茶汤中，有人认为这是珍珠奶茶的雏形。

到了清代，茶的调饮方式在区域和民族茶饮中不断拓展，茶的调饮文化地位大大加强，逐渐形成习俗，并且这些习俗一直延续至今。

首先是特有的"点花入茶"调饮形式促进了花茶生产的繁荣。民国时期徐珂创作的《清稗类钞》对点花入茶的方法进行了描述："以锡瓶置茗，杂花其中，隔水煮之。一沸即起，令干。将此点茶，则皆作花香。梅、兰、桂、菊、莲、茉莉、玫瑰、蔷薇、木樨、橘诸花皆可。"其次，各地区及各民族饮茶习俗中还存在多样的调饮方式。《清稗类钞》中还记述了很多清代人们采用调饮方式饮茶的掌故遗闻。如在长沙的茶肆中，“有以盐姜、豆子、芝麻置于中者，曰芝麻豆子茶。”广东地区的茶馆饮茶时，在茶中加入“杭菊花、大生地、土桑白、广陈皮、黑元参、干葛粉、小京柿、桂圆肉”等8种药材调味，称为菊花八宝清润凉茶。

清代以后，象征着农耕区与游牧区饮食文化大融合的调饮方式——奶茶进一步增长，包括藏族、维吾尔族、满族、蒙古族等少数民族地区喜饮的酥油茶、奶子茶、咸奶茶等已经成为当地人们必不可少的饮品。为此，安化黑茶、湖北老青茶、四川黑茶、云南普洱茶等众多便于运输、适宜煮制调奶的紧压茶类在当时也有很大幅度增加。

2. 调饮茶的存续特色

在长期的历史实践中，茶的调饮方式复杂多样，且在不同的地区和民族有不同的调制特色，藏族的酥油茶、侗族打油茶、回族的罐罐茶、蒙古族的咸奶茶等很多少数民族特色茶饮都是调饮茶。这些调饮茶以咸味和甜味为主，如藏族的酥油茶、内蒙古和新疆的咸奶茶、土家族的油茶等是代表性的咸味调饮法，宁夏、甘肃等地的“三泡台”、白族三道茶、汉族的姜茶等表现为加糖的甜味调饮法。更多的调饮茶是在调味时既可咸也可甜的，根据个人口味喜好来调制。无论是哪种调饮方法，和一般清饮法相比，调饮茶法的共同特点是更注重饮与食的结合，根据地方气候生态、物产和礼仪、习俗，突出茶的食用功能，同时兼顾疗饥、保健、养生、防病等效果。

从新式茶饮与历代饮茶方式的传承脉络来看，传播历史清晰、饮用范围广泛、对当前新茶饮影响较大的特色调饮茶习俗主要还是奶茶、酥油茶、擂茶等调饮法。

奶茶调饮是我国西北边疆如内蒙古、新疆、青海等诸多以畜牧业为生的少数民族重要饮茶方式，也是蒙古国、阿富汗等我国周边国家的饮茶习俗。调制时，先将茶砖切块捣碎，放入清洁的铁锅里熬煮，制作浓浓的茶汤。在茶汤中掺入适量的牛奶、羊奶、马奶，再加适量的食盐，继续熬煮到锅里茶水沸腾时，咸奶茶就煮好了。将煮好的奶茶贮存在大茶壶内，饮用时分别倒入茶碗即可。现在还有将奶茶制作成干粉状的奶茶粉，用开水调制后就可直接饮用，有咸奶茶口味，也有甜奶茶口味。

酥油茶是以砖茶、酥油、盐为主料调制而成的茶饮，为生活在西藏高原的藏族群众每日必备的饮品。制作酥油茶时先准备茶汤。取出砖茶捣碎，放入锅里熬煮成浓浓的茶汁，滤出茶渣，将茶汤倒入茶罐备用。调制时，取适量的浓茶汤倒入“雪董”（从奶中提取酥油的桶），再加入一定比例的酥油和适量食盐，用打酥油茶专用的搅拌器（甲罗）在筒内上下来回搅动，反复多次，待茶水与酥油充分融合，便成了可口的酥油茶。有学者认为藏民的这种饮茶方式是西方国家奶茶的源头，与奶茶调制有很深的渊源。

在湖南、江西一带很早就有饮用芝麻豆子茶的习俗，宋代诗人黄庭坚在《奉谢刘景文送团茶》诗中说的“个中渴羌饱汤饼，鸡苏胡芝煮同吃”就是指芝麻豆子茶。沏茶的时候，先将茶叶、适量的食盐、姜末放入陶制的茶罐中，然后向茶罐中注入滚烫的开水，再把一些炒熟的芝麻、黄豆放进茶罐，煮成茶汤。调制芝麻豆子茶时多用本地绿茶，豆子和芝麻最好是现炒，炒到焦香酥脆；姜用新鲜的老姜磨成姜沙。饮用时，吃茶的人可以一边喝茶一边摇动茶碗，把茶碗里的芝麻、豆子等调味料都吃干净。

在我国南方，很多地方习惯饮用的擂茶和打油茶，也是与芝麻豆子茶相似的调饮茶，都是以茶汤为主体，搭配芝麻、花生、生姜、食盐等各种食品或调味料，经过调制后成为香甜可口、防病保健的待客饮品。

湖南、广东、福建等地流行的擂茶相传源自三国时期的“三生饮”，在宋代的茶食店广为流行，《东京梦华录》中也有售卖“擂茶”“七宝擂茶”的记录。擂茶的调制原料主要有茶叶、生姜、芝麻、花生、生米、食盐、香菜等，调制方法是将适量的各种配料加入到专用的碾钵中，用特制木棍擂碎成粉末，注入滚烫的开水冲泡，再加盐调味，或者加糖调成“甜饮”，即可饮用。经过很多年的发展演变，各地擂茶的制作方法又有诸多的差异，特别是在配料的选择与处理上有较大差别，形成各自的风格。

打油茶是我国广西、贵州、湖南、云南、湖北各地汉、壮、瑶、侗、苗等民族的传统饮茶习俗。打油茶所用的原料和配料有茶叶、黄豆、花生、芝麻、生姜、爆米花、食盐、葱花等，不同地区打油茶在调制过程中有一些差别。制作时先将茶叶、花生等材料在锅内用茶油和少量的盐、姜等翻炒一会，再加入清水煮沸，等茶汁浓淡适度时滤出叶渣，便制成茶汤。饮用时先在碗中放入炸黄豆、爆米花、炒芝麻、炒花生等各种小食品，再将滚烫的茶汤倒入碗中调味，就成了一碗喷香味美的油茶。

云南白族招待贵宾的三道茶通过“头苦、二甜、三回味”来寓意人生哲理，也是一种独特的调饮方式。“白族三道茶”配料和调制方法与擂茶、打油茶等也有相似之处。调制时，先将茶叶投入小砂罐中，放在文火上烘烤，待茶叶烤至焦黄喷香时，向砂罐中注入烧沸的开水。冲泡少顷，将茶水倒入茶盅，就可品饮第一道茶汤，称为“苦茶”。喝完第一道茶后，主人重新用小砂罐烤茶、煮茶，并将煮好的茶汤倒入装有红糖、乳扇、桂皮等调料的茶盅里，这便沏成了香甜可口的第二道茶“甜茶”。第三道是“回味茶”，茶汤制备方法相同，但调味品换成了蜂蜜、花椒、炒米花和核桃仁等佐料。

我国西北部的宁夏、甘肃一带还有一种调饮茶法称为“三泡台”，在宁夏回族也叫八宝盖碗茶。调制时将茶叶、枸杞、红枣、葡萄干、桂圆、冰糖、沙枣、芝麻、果干、玫瑰酱等（不少于八种配料）投入盖碗中，再用滚开水冲泡，等茶汤滋味浓郁后饮用。八宝茶鲜甜爽口，营养丰富，其配料选择与搭配方式至今还在为新式茶饮新产品的开发提供参考。

中国传统调饮茶还有另外一种重要的表现形式，那就是茶疗方剂。茶最初在民间作药用，人们借助茶来治疗疾病。早在唐代王焘辑录的《外台秘要》中就有药茶的制作、使用和主治疾病的记载。擂茶就是从著名的茶疗方子“三生（生茶叶、生米、生姜）汤”演化而来的。

以茶入药的茶疗方剂数目繁多，大多是以调饮茶的方式使用。李时珍在《本草纲目》中就列出了以茶和中草药配合而成的多种药方，其中有理气顺食助消化的，有清热解毒防中暑的，还有治痢、解酒、治头痛等不同功效的配伍，五花八门。这些茶疗方剂可分为药茶、花草茶、五谷茶等几类。药茶是将茶叶与中草药搭配，采用冲泡或煎煮的方式取汤服用，以防治疾病。花草茶是把花卉植物的花或叶采收后加工处理，再与茶混合冲泡饮用，以发挥花或草、茶的保健功能。五谷茶则是茶与磨碎的一种或者多种五谷杂粮混合一起浸泡，获得养生功效。同仁堂、童涵春堂等著名中医药企业就是基于茶的健康功能推出“药食同源”的养生茶系列，先后进军新茶饮行业。

1.2 新式茶饮产业的形成

在我国悠久的茶文化历史长河中，调饮茶的饮用方式绵绵不绝，并在不同区域不同民族演化出鲜明的调制特色。这些不同风格的调饮茶中，西北游牧民族饮用最为普遍的传统奶茶在发展延续的同时，跨越千山万水，历经数百年进化，从中国传统调饮茶演变为英式奶茶、港式奶茶、珍珠奶茶，并逐渐成长为当前中国茶产业中最具活力的新式茶饮。

梳理饮茶历史脉络可以发现，从传统奶茶到现在的新茶饮，我国新式茶饮的发展经历了四个阶段：以港式奶茶和珍珠奶茶为主要表现的新茶饮原始阶段、以粉末冲调和小店连锁销售为特点的新茶饮萌芽阶段、以低档茶末为原料连锁经营的快速成长阶段和以原茶、鲜奶、水果等为原料调制新式茶饮的成熟阶段。

1. 17世纪初—20世纪80年代：新式茶饮的原始阶段

17世纪的欧洲人从中国、印度等地传入饮茶的习惯，并结合当时中国西藏将奶和茶融合在一起的饮茶方式，在饮茶时添加糖和牛奶，减少茶汤的苦涩，增加口感的润滑。至19世纪中叶，饮茶之风风靡英国，饮用下午茶的风尚成为英国人生活习俗与文化传统的一部分。饮茶时在茶汤中添加糖和牛奶，这种别具英伦风味的茶饮就是早期的英式奶茶。后来，英式奶茶传入香港，在香港与当地的生活习惯和饮茶风尚相融合，形成了特征鲜明的港式奶茶。港式奶茶以“丝袜奶茶”和“鸳鸯奶茶”为代表，又有不同风格。其中风靡香港的兰芳园丝袜奶茶口感香浓顺滑，奶味重、茶味浓，是香港茶文化的一种符号。而鸳鸯奶茶则在调制时混合了一半的丝袜奶茶和一半的咖啡，风味同时集合了咖啡的香味和奶茶的浓滑。这两种奶茶的调制风格都能在目前新式茶饮产品中找到痕迹。

英式奶茶传入台湾省以后形成了另外一种调饮形式，那就是台式奶茶。台式奶茶以珍珠奶茶而著名，在调制时，将用地瓜粉、木薯粉等原料制成的地方小吃粉圆煮熟后加到奶茶中，品尝时甜甜地，带有嚼劲。因白色的粉圆晶莹剔透像珍珠，便以“珍珠”命名。珍珠奶茶一经上市传播，便在全国刮起一股台式奶茶风，成为广受欢迎的经典奶茶，至今仍为大众熟知和喜爱。在珍珠奶茶诞生后的两三年，白珍珠奶茶等同类产品又相继出现，开始了一番奶茶热。可以说，是珍珠奶茶的推广与畅销促进了现在新式茶饮的萌芽。

2. 1987—1996年：新式茶饮萌芽阶段

严格意义上说，我国新式茶饮产业的萌芽，是在1987 年前后，其象征是台湾省奶茶品牌纷纷进入大陆市场并迅速蔓延，“奶茶”的概念和品类逐渐普及，开始了奶茶调制1.0 时代，也有人称这一时期为新茶饮的“粉末调制时代”。

早期的奶茶既没有茶，也不含奶，以各种粉末冲调而成。珍珠奶茶也只是台湾省泡沫红茶店里的一个饮料单品，到1987年左右才变成拥有独立品类的主流饮品。当时的奶茶制作与销售技术含量不高，操作过程也简单容易，经营的门槛低、成本低、投资少、回报快，因此，这种珍珠奶茶在大陆市场推出后得到迅猛发展，短短几年内，各种珍珠奶茶小店、摊贩便在大小城市的学校附近、街头路边疯狂扩张。有的是面积几平方米的小门店，直接窗口外带；有的是餐车型的泡沫红茶车，可流动式经营，主要客户针对中小学生和年轻人。

进入二十世纪九十年代，奶茶有了进一步的变化和发展，其主要原因是“大卡司”“休闲小站”“快可立”等台湾省奶茶品牌纷纷进入大陆，成为大陆连锁奶茶的第一批探路者。这些品牌奶茶企业在大陆各地以连锁加盟等经营模式掀起开店浪潮，和原来的奶茶摊点相比，这些奶茶品牌店面空间大幅扩大提升，产品种类、形态更加丰富，特别是奶茶自动封口机的出现，更是将奶茶外带文化推向了一个全新的高度。从此，以港式奶茶和台式奶茶为代表的新式奶茶逐渐风靡全国，形成一种新的行业动态。

这一时期的奶茶基本都是以固体原料产品为主，用各种粉末调配冲泡而成，制作方式简单，是大陆新式茶饮连锁经营的初级阶段。奶茶的粉末调制时代也是我国新式茶饮的萌芽。

3. 1997—2015年：新式茶饮的快速成长阶段

1997—2015年期间，我国新茶饮市场越来越繁荣，奶茶品牌和调制技术百花齐放。奶茶品牌企业如雨后春笋般在全国各地成长，产品原料、商品品质、门店形象、经营理念、产业规模等行业内涵都得到巨大提升。这一时期的奶茶原料开始演变、升级，出现了奶茶专用的“茶基底”，就是调制奶茶时提前用茶末或碎茶冲泡出茶汤作为基底茶存放在保温杯内，调制时随时取用。同时，为保持新鲜，每隔数小时更换茶汤。这一阶段的奶茶调制特点是奶以粉末为主，茶叶原料正式开始用茶叶代替粉末，比奶茶的粉末调制时代有重大突破，人们称这一阶段为新茶饮2.0时代。

2000年前后，我国新茶饮市场竞争日趋激烈，行业进入品牌纷争状态，甚至出现“奶茶大战”。来自我国台湾、香港的奶茶品牌纷纷登陆大陆市场，大陆企业也开始兴起。无论是台湾模式、香港风味还是大陆特色，像CoCo都可、85度 C（85° C）、大口九、大台北、大卡司、茶风暴、快乐柠檬、大拇指、街客、地下铁、咕噜咕噜、柠檬工坊、风行茶饮、皇茶、蜜菓、一点点、贡茶、KOI等奶茶品牌企业，在连锁企业店面设计、调配原料、奶茶口味上比萌芽阶段都有了更多的提升。

这一时期的调饮产品更加丰富，从追求口味到讲究养生，产品及功能都得到升级换代。调制奶茶的原料质量提高，不再使用茶粉冲泡，而是出现了茶碎、茶末等类型的高香茶基底，调制时先冲泡出茶汤然后再加奶精调制。制作奶茶的原料花样逐渐增多，各式果酱、椰果进入奶茶中，还逐渐兴起各种花草茶、花果茶。配料开始选用更营养健康的纯牛奶、糖浆、蜂蜜等，后来鲜奶、鲜果也进入奶茶原料清单，使奶茶品类更多样，口味更丰富，外观更精美。以往较单一的奶茶产品从奶茶到红柚茶、柠檬茶等茶与水果的结合，进而发展到鲜奶系列、鲜果茶系列、鲜奶沙冰、巧克力系列等，还与冰淇淋、小吃等其他轻食品相结合，赋予奶茶产品更多的延伸。

同时，随着制作原料的丰富与变革，奶茶调制技术也开始升级转型，其中对新茶饮影响较大的是奶茶手摇现调的出现。为满足消费者对奶茶新鲜口感的需求，部分奶茶店推出现泡鲜煮茶，开始手工现制新鲜茶，并根据顾客要求选择不同茶底。顾客在现制过程中有参与，饮用时更有体验感。现场制作更能表现出奶茶的甜度、珍珠粉圆的弹性，提高奶茶质量；现场制作奶茶具表演性，奶茶不再只是简单的一杯饮品，它在制作、包装、形式上又有了更为丰富的内容。

2011年，贡茶推出奶盖茶，这对我国新茶饮的发展具有重大影响。奶盖茶就是在新茶饮调制时参照意式咖啡卡布其诺奶泡技艺，在茶汤表面覆盖厚厚的一层由鲜牛奶、奶精和奶油等混合打制出的奶泡。和传统奶茶不同的是奶盖茶的奶与茶分层呈现，顾客饮用时可以先喝茶再品尝奶盖，也可以先喝奶盖再品茶，或者两者搅拌混合后一起品尝，不同饮用方式有不同的体验。奶盖茶一经推出便畅销不衰，很大程度上推动了新茶饮的快速发展。

随着原料品质提高，调制技术改进，新式茶饮的整体营销也进一步升级。首先，在营销模式上，品牌奶茶企业大多采取直营 + 加盟的模式，通过单店加盟 + 区域代理，将各种奶茶门店迅速在各地铺开。其次是在经营阵地上，奶茶转战更大更高级的场所。在珠三角地区以及上海等沿海发达城市，奶茶开始登陆大型复合式餐厅、咖啡厅、西餐厅、茶楼和专门的奶茶门店，成为许多人的日常饮品。另外，奶茶现场调制的营销方式，加上个性十足的外包装，年轻化、个性化的产品设计，大大吸引了快节奏生活又追求时尚的年轻人。从2011年开始，又出现奶茶外卖服务和各种促销活动，也进一步推动了新式茶饮的成长。

1997—2015年是我国新茶饮快速发展时期，也是传统奶茶成长为新茶饮产业的重要阶段。在这一时期，特别是2008 年前后受金融危机影响，初级的低端奶茶铺被淘汰，先进的新式奶茶快速成长，为新式茶饮产业的成型奠定了基础。

4. 2015年后：新式茶饮产业基本成型

2015年以后，新式茶饮企业蓬勃兴起，品牌林立，市场旺盛，并逐渐开始制定出台相关的团体标准。这些都意味着新式茶饮已经从传统调饮茶和传统茶业中独立出来，成为一种新的产业形态。随着市场的成长，新式茶饮成为投资热点，2017年，新式茶饮行业融资创下了行业发展30多年来的历史记录，喜茶、奈雪的茶、一点点、乐乐茶、古茗、茶颜悦色、茶百道、益禾堂、沪上阿姨、蜜雪冰城等网红品牌相继进入大众视野，新茶饮消费开始成为众多年轻人日常生活的一部分，同仁堂、三只松鼠、王老吉等品牌也跨界布局了新茶饮。至此，新式茶饮产业基本成型，并逐渐成为我国食品饮料界最具活力的一种市场业态。

一是新茶饮原料配料、调制技术不断升级。这一时期，中国消费市场发生了天翻地覆的变化，新茶饮朝着“精品茶饮”的方向发展，在原料品质、配料品类、萃取工艺、调制技术上，都有重大进化升级。

新式茶饮原材料全面升级，高品质茶叶＋动物奶油＋芝士＋牛奶＋新鲜水果是标配。茶基底原料由优质完整的原叶茶代替原来的碎茶、颗粒茶或调味茶包，传统窨制花茶替代香精茶。茶叶原料涉及红茶、绿茶、乌龙茶、黑茶、黄茶、白茶六大茶类和花茶等花色品种，变得更加丰富。基底茶汤的制备也从最初的煮茶，变成萃茶，再演化成原叶茶冲泡，如今又推出了即取即用的由原叶茶萃取制备的罐装高浓度鲜茶汤。

奶和奶制品的选择上，用新鲜牛奶、进口奶油、天然动物奶油等代替奶精，奶油从植物奶变成动物奶，牛奶从纯奶变成鲜奶。奶盖从“奶盖粉＋水”变成“奶盖粉＋牛奶＋植物奶油”，再演变成“牛奶＋芝士＋动物奶油”的方案，材料品质逐步上升。调制新茶饮的配料也同步升级，果味的来源从浓缩酱，变成复原果汁，再演变成新鲜水果。

二是新茶饮逐渐品牌化、规模化。由于新茶饮将中国茶与奶茶、咖啡、水果等多种元素有机结合起来，俘获了大批消费者，特别是受到年轻消费群体的青睐，这也成为资本竞相追逐的新消费风口。2016年之后，奈雪的茶、喜茶、因味茶、煮葉等新茶饮品牌先后获得大量资本注入，规模迅速扩大。在这些品牌企业的带动下，国内新茶饮业出现了一波迅猛无比的创业潮，一大批新茶饮品牌不断崛起。2021年6月，奈雪的茶在香港股市成功上市，成为我国新茶饮第一股。

三是新茶饮消费不断升级。新茶饮企业的品牌化、规模化发展促进了新茶饮的消费升级。茶饮门店的选址往往在人流集中的核心商业区，装修和功能更多地强调空间美学、氛围营造和流行时尚的品牌形象，经营的内容除了新茶饮外，还有原茶、咖啡和甜点，为消费者提供更多元的茶饮消费体验空间，成为集品饮、文化、休闲、娱乐、赏食、消费体验、信息交流等为一体的复合式多功能休闲茶饮店。

四是新式茶饮产品创新及商品类型基本成型并向外延伸。新茶饮品牌企业不断创新、开发茶饮产品，并逐渐形成了奶茶、奶盖茶、水果茶、蔬菜茶、混合茶（茶咖、茶酒）、冷泡茶、气泡茶等新茶饮系列商品类型。不同类型茶饮在品质标准、原料辅料要求、调制方法等方面都有了基本的技术规范。2021年5月20日，海峡两岸茶业交流协会颁布了《茶类饮料 现制奶茶》《茶类饮料 现制水果茶》等5项由深圳市品道餐饮管理有限公司、宁德师范学院、中国农业科学院茶叶研究所、浙江大学等企业、高校、科研院所15家单位共同制定的新茶饮团体标准。产品类型的完善及相关标准的出台，象征着新茶饮产业的基本成型。

在新茶饮产业成型并稳定发展的基础上，许多品牌企业已经开始充分发挥品牌优势，将产品向传统名优茶和新型瓶装茶饮料拓展，进一步延伸了新茶饮产业链。

1.3 新式茶饮的未来发展

新式茶饮是具有创新意义的现代调饮茶，与传统调饮茶相比，它从销售品类、产品设计、原料选配、调制工艺、用户饮用与体验及多元化运营、供应链优化、品牌价值提升等多个维度都有升级与创新。根据窄门餐眼数据显示，截至2024年11月，全国新茶饮行业门店总数达到41.3万家，其中蜜雪冰城以34888家门店数位居全国第一，古茗位居第二，有连锁门店9699家，上市品牌奈雪的茶也达到2877家门店。艾媒咨询数据显示，2024年全国新茶饮市场规模达到3547.2亿元，年消耗基底茶原料达30万吨。新式茶饮行业的市场格局逐渐明朗，品牌头部效应明显。

随着时代的进步，科技的发展以及人们健康意识的增强，新式茶饮产品迭代会越来越快，向市场提供更高品质、均衡营养、更好体验的产品会成为新式茶饮的基本要求。未来新式茶饮会继续向产品呈现时尚化、饮品调制标准化、营养功能健康化、调饮原料专用化、品牌营销多元化发展。

1. 产品呈现时尚化

当前，新式茶饮产业方兴未艾，消费者对于产品有更多的个性化诉求，而茶饮产品同质化严重，市场竞争激烈。据统计，几个茶饮头部品牌企业平均每周要推出2～3

个新款产品。企业需要不断创造出具有独特性、差异性的个性化产品，创意花样不断，定期推出新品，才能在茶饮市场领先。因此，在产品呈现上要多种类、时尚化，不断适应当代年轻消费群体“求快、求变、求异”的创新意识和快节奏生活，追求品质与颜值，特色鲜明，包装精美，更便捷、更新潮、更好玩、更好看，以满足年轻人的体验需求。

人们常以食品的颜色作为评价产品质量的标准，先“色”后“味”。食品通过颜色进入消费者的感官，进而影响其饮食心理和饮食活动。饮品的设计要通过各种原料颜色的和谐搭配来提升颜值，如利用红心火龙果、草莓的红色突出喜庆、祥和，利用橙子、芒果的黄色表现温暖与舒适，以菠菜和青瓜的天然绿色稳定心情和舒缓紧张。同时通过特殊设计的出品杯来提升饮品的色、香、味等美感，以求美上加美的效果。采用不同造型、包装新颖的透明塑料杯、玻璃杯或高脚水晶杯作为容器，充分展现茶饮的鲜艳色彩，从视觉、嗅觉、味觉上充分吸引顾客。未来的茶饮新品开发，还会在此基础上有更多的创意、创新。

2. 饮品调制标准化

新式茶饮是现调现制饮品，劳动密集，用工量大。随着行业的快速发展和市场规模的迅速扩大，以及现调茶饮产品的升级和迭代，今后新式茶饮的原料工业会跟着科技的发展不断提高，机械智能调制将逐渐取代人工手工调制。这种智能化生产要求新茶饮在原料和辅料的品质规格、茶汤萃取方法、饮品调制工艺及饮品风味特征等方面要更标准化、专业化。

饮品调制智能化的基础是饮品质量的标准化。质量标准能保证消费者人身健康、生命安全和生态环境持续发展。在产业快速扩张的同时，新式茶饮企业应不断确保产品质量的把控，提高服务质量，确保行业未来能行稳致远。

在新式茶饮产业从萌芽到成型的发展过程中，也经常会曝出食品卫生或食品安全问题，这会影响消费者对新茶饮行业卫生安全的信任感。新式茶饮企业要对社会负责，对消费者负责，加强行业自律，从原料选购、调制过程、运输贮存到销售服务，都要制定严格且精细化的技术标准，饮品生产经营企业严格按照这些标准要求生产、经营、提供服务，提高生产效率，保证饮品质量，提升服务质量，提高消费者满意度，从而带动行业水平的健康发展。

新式茶饮行业要持续健康发展，必须建立从上游供应商到下游门店的全渠道标准化产品服务体系。新式茶饮行业相关标准建设相对滞后，2021年由奈雪的茶等新茶饮品牌企业联合宁德师范学院等高校院所率先牵头制定了奶茶、奶盖茶等5项现制茶饮团体标准，随后中国茶叶学会茶饮料茶食品专业委员会联合全国新茶饮相关企业、高校和科研单位技术人员又在2023年相继制定了现制茶饮料系列标准《现制茶饮料 术语 分类 基本要求》《现制茶饮料 茶叶原料》《现制茶饮料 制作规范》，规定了现制茶饮料的术语、分类、基本要求、鲜叶原料、制作规范等。同时由中华全国供销合作总社指导，中国茶叶流通协会组织制定的行业标准《现制茶饮品原辅料要求》也在制定过程中。这些标准完善了新茶饮生产、经营和服务的标准化技术体系，也为饮品调制智能化打好基础。

3. 营养功能健康化

中和之美是中国传统文化的核心理念之一。中国最早的医学典籍《黄帝内经》认为“五味之美，不可胜极”，五味调和可以给人带来美好的享受。风味协调、营养健康已成为新式茶饮新品设计重点关注的内容。广泛应用各种营养成分丰富、有良好保健功能的食材和养生辅料，强调原料配料的营养搭配，通过原料搭配来增进茶饮的诱人香味，赋予茶饮的鲜艳色泽和良好营养功能已成为新式茶饮调制的基本追求。

在饮品设计上，将会更突出健康；在原料选配上，更强调新鲜、营养。产品研发以消费者需求为中心，注重原料的环保与健康、纯天然，赋予饮品更多养生功能。统计结果显示，新式茶饮原料占比中，含有丰富膳食纤维、维生素、矿物质、微量元素等营养物质的杂粮、薯类等原料增速越来越快。未来会有更多具有抗氧化、降血压、清火、助消化、润肺化痰等各种功能的健康植物进入新式茶饮原料清单。同时，顺应消费者对低糖健康的要求，新茶饮企业会更多开发低卡、零糖的天然原料，进行代糖升级，降低茶饮含糖量。

4. 调饮原料专用化

新式茶饮行业竞争激烈，其中最重要的竞争是原料及其供应链的竞争。一款新的茶饮上市销售，就意味着需要大量的茶基底和其他原料供应。饮品中最常用的原料包括优质的茶叶、鲜奶、蔗糖及丰富的水果等，不同产地、不同品种的原料都有不同的品质风味，要保持数量庞大、品质稳定的原料供应，必须有专门的原料生产基地或者专业的供应链。

茶叶作为新式茶饮中最重要的原料，也在不断地在追求专业化，新式茶饮企业使用的茶叶原料其产地、种类、等级和风味都在不断地发生变化和更替。人们常常通过茶叶的外形、香气、汤色、滋味和叶底等5项因子来评价传统清饮茶的品质特征和等级高低，而调饮茶更关注的是茶基底的香气、滋味和内含成分的浸出率，对于茶叶的外形并不看重。这种品质特征的差异化需求，决定了新式茶饮专用茶的加工与传统茶叶加工在工艺和技术掌握上存在区别。随着新茶饮市场的不断扩大，茶基底的需求量增加，未来新式茶饮专用茶的生产加工可能成为制茶学中的一个独立单元。

目前许多茶饮企业都建设或是合作建设有专门的茶叶生产基地和水果种植基地，有稳定的奶源。从行业发展态势看，建立包括茶源、奶源、果源等调制原料在内的上游供应渠道资源库，实现调饮原料专用化，全面提升涵盖原料种植、加工、仓储、配送的供应链一体化整合能力和服务效率是新式茶饮企业建设的一个趋势。

5. 品牌营销多元化

新式茶饮具有一定零售产业特性，标准化程度高，能够迅速实现复制。目前新式茶饮行业的经营业态有连锁和非连锁两种，其中大多数品牌以连锁经营为主。据中国连锁经营协会统计，2022年新茶饮的连锁化率达到55.2%。在多个城市核心商圈的抽样调查中，新茶饮的连锁化率超80%，包括直营、加盟和“直营＋加盟”等模式。这种连锁经营可以更快地打响新茶饮品牌。

在品牌营销上，新式茶饮更加凸显中国传统文化，注重消费者的体验感、参与感。产品设计不断吸纳传统风俗文化、民族文化，并与当代主流文化进行创新融合，在概念、成分、包装到色彩、形象等方面融入自身品牌文化元素和情感价值，以契合当代年轻人的价值观和消费兴趣点。

新式茶饮是线上普及程度相对较高的行业，在茶饮品牌的推广传播方面，新媒体、互联网起到举足轻重的作用。年轻人是新式茶饮的主要目标客群，他们会更多地接触到新事物，因此在营销策略上，要借助新媒体拉近与消费者的距离。近几年，我国外卖用户数量增长迅速，未来还将继续增长。新茶饮品牌也将会更多地运用互联网、数字化工具、新媒体等方式，通过线上线下多种渠道进行营销和传播，以满足消费者个性化和多元化的需求，同时提升自身的知名度。

中国茶的利用历经几千年历史，从煮茶、煎茶、点茶、泡茶，再到现在的调制新式茶饮，变迁与创新是永恒的主题。在这个主题背景下，新式茶饮在中国传统的清饮法和调饮法中注入西方饮茶元素，借助现代的新媒体推广和网上支付等方式，以更加时尚、更加新颖的形式，将东西方文化、传统文化与现代文化以及不同民族文化进行融合，赋予悠久的中国传统茶文化更多的新时代特征，并传递给年轻的一代。在当前的大健康时代，健康、养身、文化内涵丰富的调饮茶，也是人们美好生活的一种具体呈现。

茶自然清新，咖啡浪漫浓郁，可可刺激兴奋，在当代中国调饮茶中，世界上的三大无酒精饮料可完美结合。茶无疑是带有深刻中国文化烙印的商品，由于产品设计比传统茶饮有更大的想象空间，新式茶饮能给消费者带来更多的惊喜。随着中国人文化自信的提升，未来中国新式茶饮也一定会伴随中国茶遍及世界各地。

2 茶基底原料

2.1 清新绿茶

图2.1.1 绿茶

绿茶是我国产出数量最多、产地范围最广的茶类。2024年绿茶全年产量占我国茶叶总产量的58.88%，包括贵州、云南、四川、湖北、湖南、福建、浙江、安徽、江苏、广西、江西等所有产茶省份都有绿茶生产。

绿茶是将茶树上采摘的新梢或嫩芽经杀青、揉捻（整形）、干燥等加工工艺制作而成。由于加工中第一道工序是利用高温杀青破坏鲜叶中酶的活性，因此，绿茶相对完整地保留了鲜叶中的茶多酚、咖啡碱、叶绿素、氨基酸等内含成分，形成绿茶清汤绿叶的品质特征。绿茶干茶的外形、内质的茶汤和冲泡后的叶底都较多地表现出茶鲜叶的绿色格调。

绿茶的外形有条形、扁形、针形、卷曲形、圆形、片形、尖形、花朵形、束形、雀舌形等多种多样；颜色主要有嫩绿、黄绿、墨绿、翠绿、绿黄、灰绿等；茶汤呈现出浅绿、嫩绿、黄绿、浅黄、绿黄等特征；香气有清香、嫩香、栗香、花香、高火香等多种香型；滋味以“鲜、爽、醇、浓、厚”及其不同组合形成的各种风格，如浓醇、醇厚、浓醇鲜爽等；叶底嫩黄、嫩绿、翠绿、黄绿、青绿。

我国产茶区域广阔，气候丰富多样，不同产地出产的绿茶品质特征各有特点。如贵州省茶园大多具有高海拔、低纬度、寡日照、冷凉多雾等生长条件，生产出来的茶叶内含物质丰富，具备翡翠绿、嫩栗香、浓爽味的特点。云南大叶种茶树在日照充足、土壤肥沃、雨量充沛的生态环境下生长，形成滇绿特色鲜明的品质特征。所产茶叶条索紧结、肥硕显毫，汤色黄绿，香气持久，滋味浓醇厚实，回味悠长，叶底软亮。

按照加工中杀青或干燥的方法不同，绿茶分为蒸青绿茶、炒青绿茶、晒青绿茶和烘青绿茶，不同花色品种的绿茶，表现出来的色、香、味存在较大差异。

蒸青绿茶加工是利用蒸汽来杀青的，其色泽翠绿或鲜绿，汤色清绿明亮，香气清高，滋味鲜爽，叶底嫩绿明亮。

地处中部地区的湖北，是我国绿茶的主产地之一，其大部分茶叶产区属于亚热带季风性湿润气候，降水充沛，光照充足，无霜期长，所产茶叶条索紧细，锋毫显露，色泽翠绿，汤色清绿明亮，香气清高持久，滋味醇厚回甘，叶底黄绿嫩匀。如湖北西部出产的恩施玉露茶就是我国传统蒸青绿茶的典型代表，具有干茶绿、汤色绿、叶底绿的“三绿”特征。恩施玉露茶条索紧细挺直、光滑匀整，色泽苍翠绿润，内质汤色清澈明亮，香气清高持久，滋味甘醇鲜爽。

图2.1.2 恩施玉露茶汤及干茶

抹茶是一种特色鲜明的蒸青绿茶，在调饮茶中经常用到。加工抹茶的茶树鲜叶采自专门覆盖栽培的茶园，在加工时经过蒸汽（或热风）杀青、干燥后制成抹茶原料，再经过特殊的研磨工艺把这些原料加工成微粉状茶产品，就是抹茶。抹茶具有色泽鲜绿（翠绿）明亮，颗粒细腻、均匀柔软，汤色浓绿，覆盖香明显，滋味鲜醇饱满的品质特征。

图2.1.3 抹茶

炒青绿茶的干燥工艺是利用铁锅、滚筒等机械完成炒干过程，成品表现出来的品质为外形条索紧结，色泽绿润，汤色黄绿明亮，香高持久，滋味浓醇，叶底黄绿明亮。

图2.1.4 炒青绿茶

图2.1.5 崂山绿茶

我国江北茶区的青岛崂山，属于暖温带大陆性季风气候。这里所产的“崂山绿茶”为国家地理标志保护产品，具有“叶片厚、豌豆香、滋味浓、耐冲泡”的独特品质，颇受新式茶饮企业重视。崂山绿茶以鸠坑种、黄山群体种、祁门种等中小叶优良品种茶树鲜叶为原料加工而成，外形条索细紧，色泽墨绿，内质香高持久，汤色绿亮，叶底黄绿明亮。这种风味品质在水果茶调制中，能表现出良好的回味。

图2.1.6 云南晒青绿茶及茶汤

晒青绿茶主要产于西南茶区的云南，鲜叶经过杀青、揉捻后直接利用日光晒干，茶叶品质外形条索粗壮、带白毫，色泽深绿带黄，香气呈现出日晒风味，汤色黄绿，滋味浓且富有收敛性，叶底肥厚。

图2.1.7 紫娟绿茶的茶汤和叶底

烘青绿茶的干燥方法是利用热空气将茶叶原料中水分蒸发并带走，制成的绿茶外形往往条索尚紧结、完整，色泽深绿，汤色清澈明亮，香气清高，滋味鲜醇，叶底匀整绿亮。因烘青绿茶的滋味浓强度相对不够，在加工调饮茶时一般不直接用烘青绿茶做原料。烘青绿茶主要是用作窨制花茶的茶坯，调饮茶利用烘青绿茶绝大多数也都是以花茶为基底茶。比较特别的是由云南紫娟品种茶树鲜叶加工的烘青绿茶，干茶色泽带紫色，内质汤色为紫色，香气纯正，滋味浓强。在紫娟绿茶茶汤中加入柠檬，茶汤能瞬间变成粉红色，在调制饮品时会用到紫娟绿茶的这种特性。

绿茶基底可以调制斋茶、奶茶、奶盖茶、水果茶、冷泡茶等，应用广泛，在选用调饮茶原料的时候，要根据不同需要选择不同特质的绿茶产品。在饮品调制过程中，浸提绿茶茶汤的时候，一般按照茶水比1：30～1：50的比例浸提茶汤。冲泡时水温可适当降低到85～90℃即可，茶叶浸提过程中可适当轻微搅拌。泡好后的茶汤经过过滤即时加入冰块，搅拌冷却后可存放在保温茶桶中备用，为保证茶汤品质的新鲜度，一般要求茶汤从制备完成至饮品调制完成控制在6小时以内。

图2.1.8　**以绿茶为基底茶调制的奶盖茶**

2.2　甘醇黄茶

黄茶是六大茶类中产量最少的一类，2024年全国黄茶产量2.91万吨，消费者知晓率较低。由于黄茶产量少，产区区域性明显，黄茶作为调饮茶原料的诸多特点更是鲜为人知。

图2.2.1　**不同花色黄茶**

图2.2.2　**不同黄茶茶汤**

黄茶的品质特征为“黄汤黄叶”，主要是在加工过程中闷黄工序形成的。黄茶加工工艺一般为鲜叶、杀青、闷黄、揉捻、干燥等工序，根据闷黄方式的不同又分湿坯闷黄和干坯闷黄。有的黄茶加工经过多次闷黄过程，除了杀青后短时闷黄外，还在干燥过程中，干燥与闷黄交替进行几次。黄茶的主要加工原理是使茶叶在制品在高含水量和高温条件下发生一系列热化学变化，多酚类物质发生非酶性氧化，叶绿素降解，从而形成甘醇的滋味物质，同时使干茶、茶汤和叶底表现出黄或黄褐的色泽特征。

一般按照鲜叶原料的老嫩标准，人们把黄茶分为黄芽茶、黄小茶和黄大茶。

图2.2.3 **黄芽茶**

图2.2.4 **黄芽茶茶汤**

我国黄茶主要产地有安徽、四川、湖南、浙江、湖北等地，各地黄茶品质特色鲜明。

产于安徽霍山、金寨、六安、岳西等地的皖西黄大茶历史悠久，其外形梗壮叶肥，金黄显褐，色泽油润，汤色深黄，具有高嫩的“锅巴香”，滋味浓厚，叶底黄中显褐。

图2.2.5 **平阳黄汤茶**

有着干茶显黄、汤色杏黄、叶底嫩黄“三黄”特征的平阳黄汤茶，主产于浙江平阳、泰顺、苍南一带，是国家农产品地理标志产品，据说始制于清朝乾隆年间，其加工是在摊青、杀青、揉捻的基础上，采用三闷三烘的工艺，形成干茶外形纤秀匀整，色泽嫩黄，汤色杏黄明亮，香高持久，甘醇爽口，叶底嫩黄成朵的品质特征。

图2.2.6 **平阳黄汤茶的叶底和茶汤**

湖北的远安鹿苑茶是黄小茶中的代表，早在光绪九年（1883年）高僧金田就赞叹鹿苑茶："山精石液品超群，一种馨香满面薰，不但清心明目好，参禅能伏睡魔军。"在鹿苑茶的加工中，鲜叶经过杀青、炒二青、闷堆、拣剔和炒干等工序，形成外形条索环状带钩（环子脚），色泽金黄（略带鱼子泡），内质香高持久，滋味醇厚回甘，汤色绿黄明亮，叶底嫩黄匀整的优良品质。

图2.2.7　**鹿苑茶**

图2.2.8　**鹿苑茶汤**

由于部分黄茶如皖西黄大茶、远安鹿苑茶等在加工过程中都有经过较长时间的高温炒制，其风味品质具有香气高锐持久，滋味浓厚的特点，特别适宜调饮，在新式茶饮调制中是比较受欢迎的茶基底。

2.3　陈醇黑茶

从新式茶饮的起源和发展来看，黑茶应该算是最早应用于奶茶的调制原料。

图2.3.1　**普洱熟茶**

在我国西藏地区，人们早在15世纪以前就习惯于将奶和茶融合在一起调制饮用，这种饮用方式一直延续至今，并随着茶叶的国际传播逐渐演化为闻名世界的奶茶，成为人们喜爱的日常饮品。可以说早期西藏地区的奶茶就是当前新式茶饮中奶茶的起源了。当时西藏地区的奶茶主要就是以黑茶为原料进行调制的。

岁月流逝，奶茶经过数百年的演化与发展，其调制与饮用的方式都发生了巨大变化，形成现在广泛流行的新式茶饮。如今黑茶在调饮茶中也不再仅仅是应用于奶茶，水果茶调制也经常用黑茶作为基底茶。用普洱茶、葡萄、柠檬和香兰叶调制的香兰葡普，普洱茶的浓郁陈香和香兰叶的粽香交织，葡萄果肉中和厚重，可在饮用时的冰爽中感受果肉咀嚼的风味，让人喜爱。

黑茶是我国特有的茶类，具有干茶黑褐、汤色棕红或橙红、滋味醇厚的品质特征。其品质形成主要是因为加工中的湿、热作用和微生物作用，促进茶叶中儿茶素的氧化。黑茶的产区广阔，生产历史悠久，品种多样，有云南普洱茶、湖南安化黑茶、广西六堡茶、湖北老青茶、四川藏茶等。目前在新式茶饮中用作调饮茶原料较多的代表类型有云南普洱茶、湖南安化黑茶、广西六堡茶等。黑茶在饮品调制中大多还是用散茶，如果选用紧压的黑茶，事先要把茶砖或茶饼撬开成小片，再萃取茶汤。

图2.3.2 香兰葡普

这些用于调饮原料的黑茶都具有共同的特征，即茶叶内质汤色红浓，滋味醇厚。

普洱茶是国家地理标志产品和传统历史名茶，主要以符合普洱茶产地环境条件的云南大叶种鲜叶为

图2.3.3 普洱茶（散茶、沱茶、饼茶及茶汤）

原料，先是通过鲜叶摊放、杀青、揉捻、干燥（日光晒干）等工艺加工成晒青毛茶，再将晒青毛茶通过精制拼配、渥堆发酵、干燥精制等技术加工而成。

调饮时常用普洱熟茶，其品质要求外形条索紧结，色泽褐润，内质汤色红浓，陈香显露，滋味醇厚。

图2.3.4　**普洱茶（熟茶）与茶汤**

湖南黑茶中的安化黑茶是良好的调饮原料。安化黑茶也是国家地理标志产品，将符合要求的鲜叶原料经过摊放、杀青、初揉、渥堆、复揉、干燥等工艺制成黑毛茶，再经过拼堆、汽蒸、压制定型、干燥等过程，将黑毛茶加工成香气纯正、汤色橙黄、滋味浓厚的成品茶。

图2.3.5　**安化黑茶**

和安化黑茶颇有渊源的泾阳茯砖茶据说已有几百年历史，沿丝绸之路销往西北各地，并从陕西一直销售到中西亚各国，把饮茶习俗传播至世界各地。泾阳茯砖茶是紧压类黑茶，色泽黑褐油润，砖内金花茂盛，内质陈香显露，汤色红浓明亮，滋味醇厚绵滑。茯砖茶丰富的冠突散囊菌，使其常常呈现出特有的“菌花香”，和胃润肠、消食化滞、通便利尿等功能也更为突出，可以此调制保健功能突出的特色茶饮。

图2.3.6　**泾阳茯砖茶**

同样是紧压类黑茶的湖北老青茶，也有一百多年的生产历史，一直是蒙古族奶茶最好的原料。这些主产于湖北赤壁、咸宁、通山等地的老青茶，其原料相对粗老，在当年茶树新梢发育生长成熟后采割，再行加工成毛茶。毛茶渥堆至内含物逐渐变化到合适程度后进行蒸压、烘干，成为成品。粗老的原料，日晒的毛茶，长久的渥堆，形成了湖北老青砖外形紧结重实，色泽青褐，内质汤色橙红，香气纯正，滋味醇和的品质特征。

图2.3.7 **湖北老青砖茶**

2.4 蜜韵白茶

白茶是我国传统的六大茶类之一，原产于福建省的福鼎、政和、建阳等地，云南省、台湾省也有生产。近些年来，关于白茶营养保健功能的研究成果越来越多，白茶具有降火、解毒、调节血脂、预防心脑血管疾病、调节免疫功能、抗辐射等保健效果越来越被人们所熟知。随之而来的是白茶的生产量和消费量迅速增加，白茶产地迅速扩张，除传统的福建省、云南省、台湾省等地外，贵州、四川、广西、湖北、安徽、山东等各地茶区均开始生产加工白茶，到2024年底，全国白茶产量已达到9.80万吨。

图2.4.1 **清新白茶**

图2.4.2　白茶及其茶汤

白茶属微发酵茶类，基本工艺过程为鲜叶萎凋、干燥，传统制法采取不炒不揉的晾晒烘干工艺，形成白茶干茶芽叶完整、形态自然、表面密布白毫、色白隐绿、汤色浅黄、香气清鲜、滋味甘甜的品质特征。

根据鲜叶采摘标准和品种的不同，白茶一般分为白毫银针、白牡丹、贡眉和寿眉等品种，品质风味各有特色。

图2.4.3　白毫银针

白毫银针为单芽制成，是白茶中的珍品。茶叶芽头肥壮，干茶满披白毫，色泽银白或灰白色，汤色浅杏黄或浅黄，清澈明亮，香气清纯，滋味清鲜爽口，叶底全芽、肥嫩。白毫银针茶品质的最大特点是有毫香显毫味。

图2.4.4　白毫银针茶叶底

白牡丹的干茶芽叶连枝，叶缘垂卷，色泽灰绿润，汤色尚黄清澈，香气鲜嫩有毫香，滋味清甜醇爽，叶底芽叶连枝，肥嫩有毫心。

图2.4.5 白牡丹及其茶汤

贡眉外形芽叶连枝，叶态尚紧卷，芽心较小，色泽灰绿稍黄，汤色黄亮，香气鲜纯有嫩香，滋味醇厚，叶底黄绿、叶脉带红。

图2.4.6 贡眉

寿眉的加工原料不带嫩芽，相对粗老，品质次于贡眉，成品茶色泽灰绿带黄，汤色呈黄或橙色，香气和滋味清淡。寿眉存放一定年限后会表现出更丰富的香气和滋味特点，因此常有“老寿眉”一说。很多地方把寿眉存放一定年限后再蒸压成饼，或者是小方块型紧压茶，用于煮饮，风味很好。

图2.4.7 寿眉的干茶、茶汤和叶底

近年来，白茶产区技术人员又开发出新工艺白茶，通过对白茶加工工艺的创新，在传统白茶加工工艺中加上揉捻（做形）、堆积（轻发酵）、做青、发花、陈放等，研制出具有独特风味和造型特征的新型白茶产品，如紧压型白茶、花香型白茶、卷曲形白茶、γ-氨基丁酸白茶等。

不同茶叶产区的白茶风味品质各有特色，在外形、香气和滋味上略有差异。就拿白牡丹来说，云南西双版纳的白茶芽毫肥壮，白毫显露，花果香显，滋味醇爽；福建南平的白茶毫香显露，滋味鲜醇；安徽黄山的白茶香高持久，滋味鲜醇回甘；四川雅安的白茶白毫显，清香持久，滋味醇爽略有毫味；湖北恩施的白茶有白毫，有嫩香，滋味醇厚；山东日照的白茶色泽灰绿，略有毫，枝叶匀整，香气清纯，滋味醇和；贵州黔南的白茶色泽灰绿有毫，有毫香，滋味醇和。

月光白也叫月光美人、月光茶，是云南白茶中较为知名的一种，名称富有诗情画意，品质也颇有特色。茶叶外形芽叶连枝，毫芽肥壮，叶面黑（隐绿），叶背茸毛显白，内质汤色杏黄明亮，香气清鲜，滋味清甜爽口。

图2.4.8　**不同产区的白茶**

图2.4.9　**月光白及其茶汤**

由于白茶加工未经过高温焙炒过程，其香气以清嫩为基本特征，滋味较为清淡醇和，调制饮品时，茶的特征不容易体现，在新式茶饮中，白茶较多应用于冷泡茶、水果茶的调制。相对而言，有的创新工艺白茶香气带有绿茶风格，滋味更醇厚，更适宜用于调饮。如在初制时结合白茶和绿茶的加工工艺，鲜叶原料萎凋后，适度轻揉捻，再干燥，制成的茶叶叶张呈半卷条形、暗绿带褐，汤色黄亮，香气清香，滋味浓醇回甘，叶底软嫩、黄亮。

图2.4.10 **凤梨白茶**

虽然白茶以滋味清纯为特色，缺少浓醇的刺激口感，但作为调饮原料，白茶依然在新式茶饮中被广泛应用。炎热的夏季，用白茶茶汤、凤梨、柠檬和冰块调制一杯凤梨白茶，在凤梨香气的作用下，凸显白茶的毫香与醇和口感，品饮一杯，爽口爽心。

2.5 多彩青茶

青茶也称乌龙茶，是我国六大茶类之一。长期以来，乌龙茶以其天然浓郁的香气和醇厚甘爽的滋味广受消费者的青睐。制作乌龙茶的鲜叶要求成熟度比较高，即新梢形成驻芽时进行开面采，采摘驻芽梢开面的对夹二、三叶或对夹三、四叶。其基本初制加工工艺有鲜叶晒青、做青、炒青、揉捻、干燥等工序。由于乌龙茶在加工过程中，叶片内部多酚类物质部分氧化，其氧化程度介于绿茶和红茶之间，人们又称它为半发酵茶。

图2.5.1 **台湾乌龙茶**

图2.5.2　**条型乌龙茶及其茶汤**

乌龙茶的主要产地是我国的福建、广东和台湾。四川、贵州、安徽、浙江、湖南、广西、湖北、山东等产茶省也通过引进乌龙茶品种或利用当地的茶树品种资源少量生产乌龙茶。总体来说，乌龙茶的品质特征表现为外形紧实，色泽青褐油润，香气浓郁有花香，滋味醇厚甘滑，叶底绿叶红边。从外形来说，国家标准《茶叶感官审评方法》（GB/T 23776—2018）把乌龙茶分为条型、卷曲型和圆结型、拳曲型、颗粒型。加工工艺不同，外形不同，品质也有差异。

图2.5.3　**颗粒型乌龙茶及其茶汤**

由于乌龙茶产地环境、气候条件、茶树品种有所不同，在鲜叶采摘、制法特点和工艺技术上也存在差异，不同产区生产的乌龙茶风味品质有很大区别。

闽南乌龙茶的品质以外形颗粒紧结、色泽砂绿油润，内质汤色蜜绿、香气清高有花香、滋味醇厚甘爽为特征。在加工上，采用包揉的方法，塑造闽南乌龙茶圆结重实的颗粒状外形，采用空调控温控湿、长时间做青，使鲜叶中更多的不溶性多糖水解成可溶性糖，形成甘爽滋味。闽南乌龙茶因为花香浓郁滋味醇厚成为水果茶调制的宠儿，在调饮中随处可见。常用到的闽南乌龙茶有铁观音、黄金桂、白芽奇兰、本山、诏安八仙、永春佛手、毛蟹等著名产品。

图2.5.4 **闽南乌龙茶**

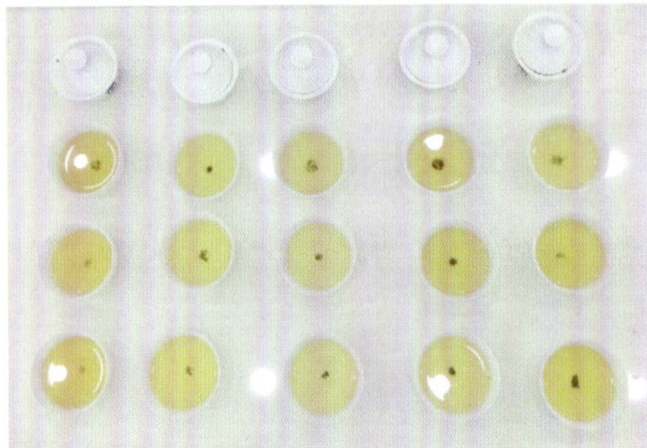

图2.5.5 **闽南乌龙茶茶汤**

铁观音以安溪所产最为著名，产品有清香型和浓香型等不同类型。清香型铁观音外形颗粒紧结重实，色泽翠绿，汤色蜜绿清澈，香气清高，似兰花香，滋味鲜醇甘爽，音韵显，叶底肥厚软亮。浓香型铁观音外形颗粒紧结重实，色泽砂绿带褐红点，汤色金黄明亮，花香馥郁，滋味醇厚爽口，音韵显。

图2.5.6 **安溪铁观音及茶汤**

黄金桂又名黄旦、黄棪，被称为“透天香”，因为其香气高锐成为闽南乌龙茶中最受欢迎的新式茶饮原料。黄金桂外形颗粒紧结，色泽黄绿，内质汤色金黄明亮，香气高锐鲜爽，带桂花香，滋味醇厚爽口，叶底黄绿明亮。本山和毛蟹的品质表现为颗粒壮实，色泽乌绿，汤色黄明，香高味浓，也是色种茶中品质很好的茶原料，常与铁观音、黄金桂等茶叶拼配，形成特有的品质风味后作为调饮茶原料进行销售。

诏安八仙茶和白芽奇兰是风味品质比较有特色的闽南乌龙茶。诏安八仙茶外形条索壮结，青褐油润，香气浓郁似杏仁香，汤色橙黄明亮，滋味浓强，收敛性强，其品质特征更接近广东乌龙茶风味。白芽奇兰茶的香气和滋味有明显的品种香，其外形紧结，色泽青褐油润，汤色黄明，香气清锐似花香，滋味醇爽。

图2.5.7　**闽北乌龙茶茶汤**

闽北乌龙茶的品质以外形条索紧结、色泽乌润，内质汤色橙红明亮，香气浓郁，滋味醇厚甘滑为特征。广泛用作调饮茶原料的主要是产于武夷山、建瓯、建阳等地的闽北乌龙茶，其外形条索紧结重实，叶端扭曲，色泽乌润，内质香气浓郁，汤色橙红明亮，滋味醇厚鲜爽，叶底肥软黄亮，绿叶红边。

图2.5.8　**武夷水仙茶及其茶汤**

闽北乌龙茶中以武夷岩茶最为著名。武夷岩茶总体的品质特征为外形条索肥壮紧结，带扭曲的“蜻蜓头”，色泽绿润带宝光，内质汤色橙黄明亮，香气馥郁，滋味醇厚回甘，具有特殊的“岩韵”。

广东乌龙茶主要是以大叶种茶树鲜叶为原料，其茶多酚、咖啡碱等品质成分含量高，且酯型儿茶素比例高，茶汤滋味强度大。其品质以外形条索紧结、色泽黄褐油润，内质汤色橙黄明亮，香气浓郁有花香，滋味浓厚回甘为特征。广东乌龙茶中的凤凰单枞常用于调饮茶原料，像鸭屎香就被成功地调制成新式茶饮，受到消费者喜爱。凤凰单枞的加工主要有晒青、凉青、做青（浪菜）、杀青（炒茶）、揉捻、干燥等6道工序，其外形条索紧结较直、色泽黄褐油润，内质香气馥郁，有花香，汤色黄亮，滋味浓醇甘爽，叶底肥厚柔软，显红边。凤凰单枞有很多种香型，如黄枝香、杏仁香、蜜兰香、芝兰香、桂花香、姜花香等十多种香型。由于其香高味浓，品质特色鲜明，因此受到调饮茶开发者青睐。

图2.5.9 **广东凤凰单枞茶及其茶汤**

台湾乌龙茶外形多样，有条形、颗粒状、半球形，还有枝叶连理的自然形；品类丰富，有轻发酵的包种茶，也有重发酵的白毫乌龙茶整体来说，台湾乌龙茶具有外形色泽翠（深）绿油润、香气馥郁有花香、滋味醇厚甘润的特点，风味多样，特色鲜明。近几年，台湾乌龙茶作为新式茶饮的基底茶颇受欢迎，其中冻顶乌龙茶、白毫乌龙茶等产品供不应求。

图2.5.10 **冻顶乌龙茶及茶汤**

冻顶乌龙茶主产于我国台湾南投、云林、嘉义等地，是调饮中常用的基底茶，其外形颗粒紧结，呈半球形，色泽翠绿，内质汤色蜜黄明亮，花香或花果香显，滋味醇厚甘润，叶底柔嫩有芽、成朵。白毫乌龙茶又名东方美人茶、椪风茶，外形枝叶连理，白毫显露，白、绿、黄、红、褐五色相间，汤色为琥珀色，有熟果香、蜜糖香，滋味醇厚甘甜，叶底淡褐有红边，芽叶连枝，在冷泡茶、中式手冲茶中比较常见。

因为乌龙茶风味独特，风格多样，香高味浓，可以调制水果茶、奶茶、奶盖茶、冷泡茶、中式手冲茶等丰富多彩的茶饮产品，因此在新式茶饮中，乌龙茶是用作基底茶原料范围最广、数量最多的茶类之一。

图2.5.11 **乌龙奶茶**

2.6 浪漫红茶

红茶是世界上最主要的茶类，消费范围最广，产出总量最大，占全球茶叶产销量的50%以上。红茶也是我国生产和出口的主要茶类之一，生产量和出口量均在我国六大茶类中排名第二，2024年红茶产量占全国茶叶产量的14.58%。

图2.6.1 **红茶**

用红茶调制饮品有着悠久的历史。最初的红茶饮品主要是奶茶，最早可追溯到17世纪欧洲人的饮茶习俗，其饮用并流行比水果茶、奶盖茶等要早。1904年出现冰红茶，后来的红茶饮品又开始流行泡沫红茶等。传统奶茶、冰红茶在长期的发展与进化中，基底茶原料、调制方式都发生了巨大变化，经过风味升级、技术革新，逐渐演化成现在的新式茶饮。可以说，现代新式茶饮的发展就源起于传统的牛奶红茶。

图2.6.2 **不同品种鲜味加工的红茶茶汤**

图2.6.3 **柠檬红茶**

红茶品质具有茶汤色彩艳丽，滋味甜醇，有迷人的花果香或甜香等特点，加之其滋味兼容性强，加糖加奶加酸加冰都能表现出良好风味，因此在新式茶饮中，以红茶为基底茶原料的产品占有很大比例。特别是红碎茶在初制时经过充分揉切，有利于多酚类发酵和冲泡时滋味浸出，调制时茶汤加牛奶加白糖后仍有较强茶味的品质特征，令其更受新式茶饮企业青睐，许多饮品都以红碎茶为茶基底原料，2024年我国就进口国外如斯里兰卡、印度、肯尼亚等地红茶达到4.19万吨。

图2.6.4 **红碎茶及其茶汤**

红茶的干茶乌润，汤色红艳，叶底红亮，其品质具有“红汤红叶”的特征，这是因为红茶加工中茶叶中的儿茶素类物质在酶的作用下氧化程度较高，因此红茶又被称为全发酵茶。红茶加工工艺一般包括鲜叶萎凋、揉捻（或揉切）、发酵、干燥等过程，根据揉捻（或揉切）方法的不同，人们把红茶分为红条茶和红碎茶。国外大多数茶叶生产国主要是生产加工红碎茶，我国生产的红茶按照加工工艺的不同有工夫红茶、小种红茶和红碎茶。

工夫红茶是我国独特的产品，生产量和消费量都最大，其外形条索细紧，乌润，内质汤色红亮，香气馥郁，滋味甜醇。

图2.6.5 **工夫红茶及其茶汤**

小种红茶是福建特色红茶，传统的小种红茶采用比较成熟的嫩梢为原料，加工中有利用松柴明火加温干燥过程，干茶壮实，乌润，汤色橙红明亮，香高，具松烟香，滋味醇厚，似桂圆味，叶底古铜色。

图2.6.6 **小种红茶及茶汤**

金骏眉原产于武夷山桐木关自然保护区，是采用原生态高山茶园的嫩芽为原料，在小种红茶传统制作技艺的基础上，经过创新加工而成的高端红茶，其外形条索紧秀有金毫，色泽金、黄、黑相间，内质汤色金黄明亮，花果香高而持久，滋味鲜活甘爽。金骏眉是红茶中的极品，由于原料细嫩，加工中常产生一些断、碎茶，这些碎茶多为芽尖，经过筛选后具备金骏眉优质的品质风味，也是优质的基底茶原料。

图2.6.7 **金骏眉碎茶及茶汤**

红碎茶细胞破坏率高，茶叶香气高锐持久，汤色红艳明亮，滋味浓强鲜爽。我国用大叶种制成的红碎茶有金毫，香气高锐，汤色红艳，滋味浓强鲜爽，品质要明显高于用中小叶种制成的红碎茶。

茶叶品质特征的形成，与其茶树品种、生长环境、特殊的采摘标准和精细的加工工艺密切相关。在饮品调制过程中，人们常常会根据调饮产品的特色风味需要来选择特征性基底茶，一些高香型品种红茶特别受欢迎。

因产地、茶树品种及品质特征的不同，我国工夫红茶可分为祁红、滇红、川红、宜红、宁红、闽红、越红、湘红等。

图2.6.8 **不同品种高香红茶**

祁门红茶是世界上颇有影响的高香红茶，主要以祁门槠叶种茶树鲜叶为原料制作，外形条索紧细，色泽乌润略带灰光，内质汤色红艳明亮，香高持久，具蜜糖香（祁门香），滋味鲜醇带甜，叶底鲜红明亮。

产于云南凤庆、临沧、勐海、双江等地的滇红工夫茶，采用云南大叶种茶树鲜叶为原料制成，外形条索肥壮，紧结重实，色泽乌润，显金毫，内质汤色红艳带金圈，香气鲜郁高长，滋味浓强富有刺激性，叶底肥厚，红匀鲜亮。

图2.6.9 **祁门红茶及其茶汤**

图2.6.10 **云南滇红**

云南紫娟品种茶树鲜叶加工的紫娟红茶，花青素含量高，汤色艳丽。

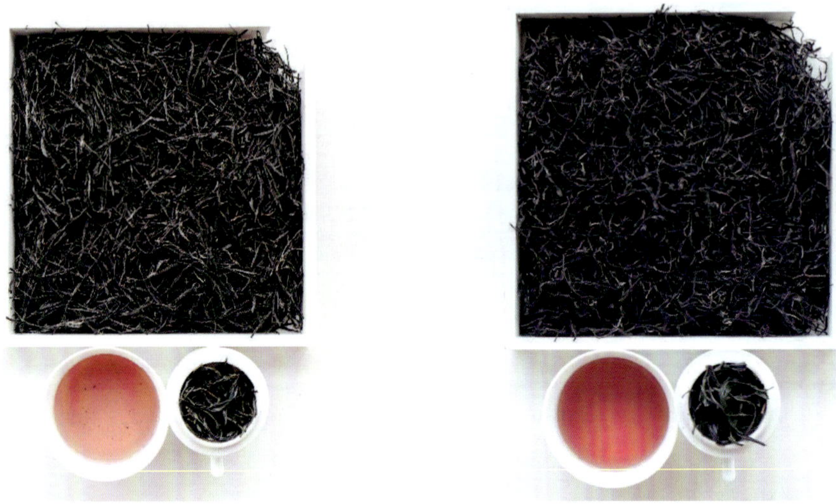

图2.6.11　紫娟红茶

以福建省福安市坦洋村为中心的闽东各产茶地，最早用当地有性群体种为原料制作的坦洋工夫红茶，1915年获得巴拿马万国博览会金奖。茶叶外形条索紧细有毫，色泽乌黑有光，内质汤色深金黄色，香气鲜甜，滋味醇厚。

图2.6.12　坦洋工夫红茶及茶汤

近年来，随着红茶消费的增长，许多创新工艺红茶应运而生。如在坦洋工夫红茶基础上发展起来的花果香型坦洋工夫红茶，就是以高香型乌龙茶品种茶树鲜叶为原料，在红茶初制工艺中引入摇青等乌龙茶加工工艺，充分发挥乌龙茶品种和工艺的香气优势，制成的创新红茶有乌龙茶的香韵又有红茶的甜醇，外形肥壮，色泽褐红，内质汤色橙黄明亮，花果香明显，滋味甜醇甘香。

图2.6.13　坦洋工夫创新红茶及茶汤

2.7 缤纷花茶

图2.7.1 花茶

图2.7.2 玫瑰乌龙茶窨制

花茶是调饮茶中广泛应用的一类基底茶原料，在新式茶饮行业占有重要地位。各类花茶用来调制水果茶、冷泡茶、奶茶、奶盖茶等饮品均有良好的风味表现。花茶往往具有花的甜美芳香，同时又有茶的鲜醇滋味，特别是鲜花还有丰富深刻的寓意，因此以其为原料调制的新式茶饮特别受到年轻人的青睐。

花茶属于再加工茶类，就是把各类毛茶原料按照需要经过精制加工整理后，再用不同的新鲜香花进行窨制，经过专门的工艺让茶叶吸收鲜花的香气，从而形成同时具有茶叶独特风味、鲜花特殊香气的茶制品。

在新式茶饮的调制中，为追求产品的多样性，满足消费者对不同香花及茶叶口味的需求，生产企业往往用到不同香花和不同茶类进行配比来窨制，形成不同品质特征的花茶或花香调味茶。比较常见的如利用茉莉花与绿茶、红茶窨制的茉莉绿茶、茉莉红茶；桂花与乌龙茶、红茶窨制的桂花乌龙茶、桂花红茶；栀子花与白茶、乌龙茶、绿茶窨制的栀子花香白茶、栀子花香乌龙茶、栀子花香绿茶等调味茶。其他还有蜡梅花茶、米兰花茶、柚子花茶、玳玳花茶、玫瑰花茶等，这些产品都受到人们的喜爱。

图2.7.3　**蜡梅花与栀子花**

近年来，随着新式茶饮产业的快速增长，人们消费能力的提高，特别是伴随着茶叶加工机械的改进和加工技术的进步，花茶的品类、风味、品质都有了很大的发展。用名优茶为原料加工的花茶也越来越多，如新式茶饮行业中许多品牌企业的水果茶基底，大多是以优质毛尖茶为原料，配上新鲜茉莉花，经过多次窨制而成的茉莉毛尖，香气馥郁芬芳，滋味醇厚鲜爽。调制出来的水果茶香气浓郁，滋味丰富，回味甘爽。

茉莉花茶的生产有着300多年历史，明朝末期就开始有商品化的生产，清朝已成为中国茶叶出口的大宗商品，品种丰富，在花茶中产量最高。茉莉花茶最早的加工中心在福建省福州市，现在广西省横州市成为中国最大的茉莉花种植基地，茉莉花茶的生产中心也随之转移到广西省横州市。通常所说的花茶就是指用茉莉花窨制绿茶获得的成品，外形条形细紧，芽毫显露，色泽黄绿透翠，内质汤色黄绿明亮，香气浓郁清高，滋味醇爽。

图2.7.4　**栀子花香白茶**

图2.7.5　**茉莉花茶**

图2.7.6 **桂花乌龙**

桂花乌龙茶也是调饮中常用到的高端花茶。每年秋季桂花盛开时，在花朵成熟呈金黄色时，采摘新鲜桂花与乌龙茶拼和在一起，让桂花芬芳的香气和乌龙茶醇爽的滋味有机融合，制成的桂花茶外形粗壮重实，色泽褐润，内质汤色金黄明亮，桂花香浓郁，滋味醇厚回甘。

新式茶饮中的冷泡茶是一种颇受欢迎的夏令饮品，柳叶蜡梅花茶就是调制冷泡茶的最好原料之一。无论是毛尖绿茶、还是高山红茶，用蜡梅花窨制几次后，用作冷泡茶基底，制成的冷泡茶芬芳馥郁，暗香幽远，冷冽回甘，风味无穷。还有用玫瑰花窨制清香型乌龙茶制成的玫瑰乌龙，芳香雅致，滋味甘美。这些特色花茶由于寓意美好的花语，芬芳馥郁的香气和醇爽甘甜的滋味，特别受到年轻人的青睐。

最近几年，随着新式茶饮的发展，消费人群中出现大量“追香族”，喜爱带有各种花香的茶饮品。受此影响，茉莉花、栀子花、柚子花、桂花等等茶用香花供不应求，而且许多非广泛种植的鲜花也运用到窨花中来。

图2.7.7 **冷泡茶**

3

调配料

随着新式茶饮健康元素的增加，水果、坚果、蔬菜、谷物、香料植物和药食同源的中药材在调饮中的应用越来越广泛，还出现了专门以果蔬茶为特色，围绕“水果＋蔬菜＋茶”进行搭配的调饮茶品牌和以中药养生为主题的新式茶饮。目前，以果蔬原料调制的茶饮已接近新式茶饮总量的半壁江山，逐渐成为调饮茶中不可或缺的角色。

图3.1.1 **火龙果奶盖茶**

3.1 水果原料

水果是可食用的植物果实，具有丰富的营养，一般为碱性，能调节人体内的酸碱平衡，促进消化，对人们保持身体健康有很大好处。《中国居民膳食指南（2022）》推荐我国居民每天水果的摄入量为200～350克。水果茶的出现为人们提高水果摄入量提供了另外一条渠道。由于水果主要表现为甜味和酸味，一般汁水较多，很容易与茶汤搭配，调制出具有良好风味的饮品，从而成为新式茶饮最常用的调配原料。

调饮常用到的主要有浆果类水果、柑果类水果、核果类水果、仁果类和瓜果类水果。

图3.1.2 **凤梨白茶**

1. 浆果类水果

浆果类的水果是人类最早期的食物来源，是人类味蕾最原始的记忆，这类水果在饮品调制中特别受欢迎，如葡萄、草莓、桑葚、杨梅、石榴、柿子、猕猴桃、番石榴、火龙果、凤梨等，这一类水果与花香型茶汤，如茉莉花茶相融合，可以最大限度地发挥其酸甜可口的风味，是水果茶中常用的水果原料。几乎所有的新式茶饮门店都有以葡萄、草莓为原料的水果茶，像多肉葡萄这样的水果茶在许多人的心中就是其他果茶无可替代的存在。

图3.1.3　草莓

草莓心形外观，红艳色彩，香甜的滋味，饱满的果肉，以及其甜蜜、温暖和祝福的寓意，深受人们喜爱。草莓为多年生草本植物，生长周期短，生产成本低，产量大。用草莓调制的水果茶色彩鲜艳，营养丰富，寓意深刻，每当草莓上市的季节，各调饮门店都会纷纷推出草莓系列饮品。

图3.1.4　火龙果

红心火龙果糖含量高，果肉呈红色，种子如黑芝麻一样散布在果肉中，果实成熟期长，是良好的水果茶原料。火龙果助消化、清宿便，有很好的保健功效，色彩艳丽，调制的饮品外形美观，滋味甜爽。

图3.1.5　杨梅、芭乐、石榴

2. 柑果类水果

柑果类水果除了果皮中具有芸香科柑橘属植物特有的高含量香精油外，还有水分充足，气味清新，口味鲜美，耐存放的特点。早在唐代，橘和茶就作为美好的事物为世人相提并论，诗人岑参在其《郡斋平望江山》中就有“庭树纯栽橘，园畦半种茶。梦魂知忆处，无夜不京华”的诗句。一直以来，这一类水果都代表着吉祥如意，受到人们的赞美。

柑果类水果丰富的口感与茶汤融合，入口清新，回味悠长。在新式茶饮中常用的主要有橙子、柠檬、柚子、黄皮、橘、柑等，特别是柠檬应用最为广泛，在很多水果茶的调制过程中，都会用它来调剂饮品的香气和滋味。

图3.1.6 橙子

图3.1.7 茉莉甜橙

3. 核果类水果

核果类水果大多在炎热季节成熟，果肉柔软，细嫩多汁，不适宜长期贮藏。新式茶饮中常用的核果有桃、樱桃、芒果、荔枝、橄榄、梅、杏、李、枣等。樱桃由于其颗粒色彩艳丽，形态秀美，圆润可爱，除用作调制原料外，

图3.1.8 樱桃

还经常被用来作为饮品出品时装饰点缀用。在市场上颇受消费者青睐的杨枝甘露，就是以芒果为主料调制的饮品，在夏天饮用特别凉爽。

每一种水果又分不同的品种。比方桃有黄桃、油桃、蟠桃、水蜜桃等多个品种，果肉有白色的，有黄色的，风味各异。桃在中国传统文化中有着长寿、吉祥的象征意义，因此也是饮品调制时的热门食材。用不同品种的桃子和茉莉绿茶茶汤，搭配两片柠檬就可以调制出一杯可口的桃桃茶饮。

图3.1.9　**黄桃、油桃**

核果类水果的果肉中间有坚硬的果核，在调制饮品时要先去除，因此在鲜果的处理上，核果类水果相对麻烦。

图3.1.10　**桃桃茶饮**

4. 仁果类和瓜果类水果

常见的仁果类水果主要有苹果、梨、山楂、海棠、枇杷等，这些水果含有较高的苹果酸，碳水化合物以单糖为主。常见的瓜果类水果有西瓜、哈密瓜、香瓜、木瓜、甜瓜等，果实一般比较硕大。山楂、枇杷、西瓜、甜瓜这些时令水果，因产区广泛，产出量大，都是饮品调制中的常用水果。

图3.1.11 苹果、梨

图3.1.12 甜瓜

3.2 蔬菜原料

蔬菜可提供人体所必需的多种营养成分，如维生素、矿物质、碳水化合物、蛋白质等，是人们日常生活中必不可少的食物。蔬菜属于低热量、富含膳食纤维营养元素的植物性食品，特别符合大众追求低糖低脂的健康需求，因此在很多调饮茶中选择用蔬菜作为原料，以丰富饮品口感，提升饮品品味，强化健康营养。

按照蔬菜食用器官分类，蔬菜有根菜类、茎菜类、叶菜类、果菜类等许多类别，几乎每一类蔬菜均可被用于制作新式茶饮。

图3.2.1 芹意

图3.2.2 胡萝卜茶

胡萝卜、芋头、小黄姜、紫薯、土豆、荸荠、生姜等蔬菜，主要是食用其肥大的块（球）茎。这一类蔬菜的特点是耐存放，含纤维素较少，与茶饮结合饮用可以很好地补充能量，增加饱腹感。如用胡萝卜榨汁，加入清香型乌龙茶汤，再用青柠檬调味调制的胡萝卜茶，色彩艳丽，香气清新，滋味甜爽。

图3.2.3　**生菜、西红柿**

以鲜嫩叶片及叶柄为食的叶菜类蔬菜如菠菜、生菜、芹菜、紫甘蓝，特点是富含维生素，还可以补充多种微量元素。在新式茶饮中常用芹菜与绿茶茶汤的融合，能让人眼前一亮。特别是二者原本都是减肥佳品，通过功能加持，效果更是令消费者期待。

图3.2.4　**南瓜奶茶**

以果实及种子为食的蔬菜如西红柿、黄瓜、苦瓜、南瓜、新鲜豌豆、圣女果、辣椒、玉米等，颜色丰富，味道清爽，在新式茶饮中利用这些蔬菜不仅能很好地激起人们的视觉享受，还能在风味、营养等方面引起人们饮用的兴趣。比如用南瓜制作的奶茶，乳白的牛奶茶汤里，金丝隐隐，颇为美观。

图3.2.5　**青瓜乌龙茶**

将青瓜纵切成薄片，再把甜橙和黄柠捣碎，加冰摇匀，最后注入乌龙茶汤调制，制成的青瓜乌龙茶金黄透亮，其中青瓜形如丝带，口感脆爽。用苦瓜为主料，除瓤切块，香水柠檬调味，轻轻捶打挤压，再将茉莉绿茶基底倒入，充分混合摇匀，制成的苦瓜柠檬茶清香爽口。这些茶饮都是炎热季节清凉消暑的优良饮品。除了这些，还有香菜柠檬茶、芭乐番茄、荆介柠檬茶等，都受到市场欢迎。

3.3 奶和奶制品

在新式茶饮调制中，人们经常会用到各种调味调香原料，如奶和奶制品，盐、糖和甜味剂、酸味剂等调味剂。

图3.3.1 珍珠奶茶

在奶茶饮品中，除茶以外，奶和奶制品是其中最重要的原料。奶是从哺乳动物乳腺中分泌出来的，带有细微香气和甜味的乳白色或微黄色液体。奶制品是以奶为主料，经加工制得的产品。在新式茶饮中常用的主要有鲜奶、淡奶油、炼乳、冰淇淋、奶酪（芝士）、酸奶、奶粉等。与奶和奶制品相类似的原料还有植脂末、植物蛋白等。

奶和奶制品在奶茶调制中具有多种搭配方式，并且都能获得良好的调制效果，这也是奶茶一经流行便长盛不衰的原因。将鲜奶与茶味醇厚的乌龙茶、红茶等搭配，可以将半发酵和全发酵的茶汤韵味很好地释放出来，突出茶醇厚的滋味特点和花果香气。要搭配微发酵或不发酵的清香型茶叶如黄茶、绿茶，可以在茶汤中适当加入淡奶油或者炼乳，增加乳香味，提高顺滑度。

目前，单纯以奶或者奶制品与茶融合做成的饮品已经不能满足消费者的需求，将奶与奶制品进行复配，再调和茶汤已经成为奶茶饮品的新趋势，如用奶油与鲜奶调制后，再用茶汤配制成奶茶，品尝时会觉得奶的饱满度更高，茶的香气和韵味更足。

鲜牛奶蒸发水分，浓缩后的产物称淡奶（油）。与鲜奶相比，淡奶的质地、口感、味道都要浓稠得多，而且保存时间较长，运输和储存的成本也比较低。在奶茶的制作中，特别是在港式奶茶调制中有比较多的运用，制成的奶茶口感顺滑。

图3.3.2　凤梨奶盖茶

炼乳和淡奶的区别在于加不加糖。用生鲜牛（羊）乳为主要原料，添加或不添加辅料，经过杀菌、浓缩、喷雾干燥，就制成粉状的乳粉，不经喷雾干燥，可制成黏稠态的炼乳产品。相对来说炼乳过于甜腻，容易压制其他原料的味道，损失口感平衡，在调饮时要控制炼乳的用量。

冰淇淋是由新鲜牛奶和动物奶油或者植脂末复配而成，冰淇淋可以与奶茶、果茶等配合，增强口感。但冰淇淋的奶味和甜味都很浓厚，和果茶、奶茶一起搭配会压制茶香。在饮品调制过程中往往使用茶汤滋味浓厚的茶叶，这样搭配起来才能显出茶的风味特色。

酸奶是向经过巴氏杀菌后的牛奶中添加有益菌，经发酵后制成的一种牛奶制品。酸奶保留了牛奶的所有优点，营养高，脂肪低，口味酸甜，能够促进消化。在饮品调制中，酸奶兼容性强，可以与水果、蔬菜搭配出美味，通常与各种果汁果酱进行复配。与水果的搭配能够展现出水果本身绝美的颜色，增加茶饮的颜值。由于酸奶普遍较浓稠，在新式茶饮的制作中会将果茶的果香、茶香遮盖，市场上经常采用酸奶粉作为原料来制作，使奶茶口味更稳定，和果香融合得更好，具有层次感。

有时候，饮品制作时会将奶、奶制品混合使用，以充分发挥不同奶制品的风味特点。如把芝士、淡奶油、盐、糖等配料结合起来，打发制成的芝士奶盖口感绵密、细腻、香浓，将这种芝士奶盖覆盖在出品的饮品表面，在茶汤最上面形成薄薄的一层乳白色悬液，美感呈现，美味可人，成为人见人爱的奶盖茶。

植脂末和植物蛋白在一般中低档奶茶中应用比较普遍，它们不属于奶制品。植脂末是一种现代食品，由植物油脂和酪蛋白精制而成，在食品生产加工中广泛使用，更是咖啡制品的好伴侣，能增香增脂，使奶茶或咖啡等食品口感细腻，香浓顺滑。植物蛋白来源于植物，营养全面，具有多种对人体有利的生理保健功能，也容易被人体消化吸收。如豆奶口感清甜又健康，与水果、芝士等的结合就具备独特的口感。

奶和奶制品容易变质，要严格质量管理，妥善储存。

瓶装奶最好即开即用，及时用完，未开封的牛奶应置于5℃的冰箱中存放。奶粉类奶制品在打开应用后要密闭罐装，并尽快用完。取出时要用干净、干燥的勺子。奶油可冷藏1至2周，冷冻2个月。在制作奶茶时，原料要求质量安全有保障，确保工作人员以及操作设备达到卫生标准，容器定期清理消毒。

3.4 调味剂

饮品往往通过丰富的滋味和口感吸引消费者，在饮品调制过程中，调味品必不可少。新式茶饮调制中常用来调剂味道的用料主要有食用糖、甜味剂、酸味剂和盐。

调饮用的食用糖有白砂糖、冰糖、黑糖、方糖以及代糖等。白砂糖为颗粒状，冰糖为冰块晶体状，黑糖和方糖都为块状，其中冰糖和方糖都是由白砂糖加工而成。

代糖属于食品添加剂，又称甜味剂，价格相对便宜，有些企业在生产饮料时往往会用甜味剂来代替传统的糖。甜味剂中如甜菊糖、罗汉果糖属于天然甜味剂，从植物中提取出来，口感较好，安全性和稳定性高，水溶性好，但长时间高温状态下其构型会改变，并且发酸、发涩。人工合成的甜味剂如安赛蜜、三氯蔗糖、阿斯巴甜等，化学性质稳定、耐热、耐酸碱，甜味纯正，具有和蔗糖相似的清爽甜味，适量不会引起血糖明显升高，在食品饮料加工中经常用到。

蔗糖（白砂糖、黑糖）、果葡糖浆在新式茶饮中充当调制原料的主要角色，蔗糖甜味纯正，但调制时间成本相对较高。果葡糖浆作为甜味剂广泛应用于食品如饮料等行业，其主要成分和性质类似天然果汁，风味与口感清香爽口，具有优越的协同增效作用，与其他甜味剂共同使用能有效改善食品的口感。

图3.4.1 冰蔗糖浆

各种糖或糖制品应保存在干燥、阴凉处，开封使用后必须用密封袋密封起来，避免阳光直射和受潮。取糖品时所用工具要保证干燥、干净，不然糖品易吸湿受潮，影响本身的风味，质量下降，糖品存储不当还会滋生微生物。糖品一定要在出品的保存期内用完。

为减少糖分摄入，新式茶饮中也推出各种无糖或微糖饮品，根据消费者需要调整。

在调味剂中，还有咸味的盐和酸味剂。酸味剂作为食品添加剂具有调节酸味、防腐保鲜的作用，在饮品调制时适量加入到饮料中，具有增进食欲、提高口感的作用。酸味剂具有一定的刺激性，能引起消化系统的疾病，在使用时一定要按照国家标准规定适量添加。盐和酸味剂都具有吸湿性和溶解性，应采用适当的包装材料和包装容器，存放在阴凉通风处，避光保存。

3.5 其他调配料

新式茶饮调制原料除了前述的水果、蔬菜、奶及奶制品、调味料以外，还用到坚果、谷物、中药材、香辛料等调配料。

坚果是植物的可食用果核，也是植物的精华部分。坚果大多营养丰富，富含油脂、蛋白质、矿物质、维生素等，有助于增强人的体质、促进生长发育、预防疾病等。

在新式茶饮中常用的坚果有开心果、花生、碧根果、杏仁、板栗、腰果等。饮品中坚果一直是以小料的身份存在，其脆爽的口感与丝滑香浓的奶茶能碰撞出奇妙的风味。随着新式茶饮行业产品研发人员创新意识的加强，坚果中的开心果与板栗从常用的坚果中脱颖而出，成为调饮茶中的“常客”。开心果既有坚果的烤香又有清新的口感，还具有低脂肪、低卡路里、高纤维素的显著特点；而板栗有“干果之王”的美称，也是一种健胃补肾的坚果。在调饮师手上，这两种坚果在茶饮中能与茶汤、牛奶完美融合，出品的奶茶具有醇厚香浓的口味，是兼容奶茶的种子选手。

谷物类如糯米、黑米、燕麦、青稞等是中国人传统主食，能充饥果腹，将这一类的原料添加到热奶茶中，谷物的清香和奶茶的醇香相融合，在丝滑的茶香中感受谷物带来美味。特别是在节奏明快的城市生活里，一杯以谷物为原料调制的奶茶，还可与果干、坚果搭配，高纤维素，低糖低脂，既便利快捷又营养健康的代餐，很能引起年轻人的共鸣。

中国传统医药博大精深，许多药食同源的中药材如陈皮、荷叶、麦冬等材料及龟苓膏、烧仙草等中成药和传统特色制品也在调饮茶中经常用到。像陈皮普洱就是市场上最常见的茶饮料，有助于理气健脾，燥湿化痰。杭州同仁堂制茶司推出的阳春茉莉龟苓膏、冰糖荷叶柚子茶、金桔柠檬菊花茶、红糖姜茶等，都是将具有保健养身功能的中药和茶汤按照科学配伍调制而成的。调饮茶中加入中药材成分，不仅能提升饮品的品质风味，更赋予其养生特色。

厨房中常见的香辛料如百里香、迷迭香、九层塔等具有强烈的香气、刺激性的味道，也可以用来增加茶饮的风味，提高人们的食欲，有利于消化。在茶饮中用这些香辛料与茶叶清新的味道组合成的新型口感和风味，能给消费者不一样的体会。

调饮茶还有一类原料，在许多门店中大量使用，那就是果蔬制品，如鲜榨果汁、蔬菜汁、番茄酱、果冻、浓缩果汁、果酱等。这些果蔬制品的主要特点是在饮品调制时方便易取，快捷简单。在没有新鲜水果的情况下，可以利用这些产品代替新鲜水果、蔬菜，同茶汤搭配调制后，风味品质与采用新鲜水果相比不相上下。

图3.5.1 **各种浓缩果汁**

粉圆、椰果是奶茶中常见的配料，特别是珍珠粉圆，是调制珍珠奶茶的重要原料。

珍珠奶茶又称波霸奶茶，简称珍奶，是一种最早流传于我国台湾的茶类饮料，后来在大陆广泛流行。由于奶茶中的珍珠粉圆香Q有弹性，颗粒美观，口感滑润且有咀嚼感，因此很受消费者喜爱。珍珠奶茶就是将煮制好的“珍珠”加入奶茶，这种“珍珠”就是常说的粉圆，由淀粉制成，因外观晶莹剔透有弹性，滋味香甜且可口而得名。一般使用的粉圆颗粒较大，烹煮后的直径在7毫米以上。

图3.5.2 **粉圆**

图3.5.3 **处理后的粉圆**

椰果是微生物的发酵产物，也叫椰子凝胶，未添加色素的原色椰果通常为白色或乳白色，是不少甜品的调制材料，口感爽弹。

图3.5.4 **椰果**

椰果广泛应用于珍珠奶茶、果冻、布丁、饮料等食品中，色泽洁白，晶莹剔透，具有高咀嚼性，是优质的天然膳食纤维，并且具有良好的可加工性能。它可以和茶汤、果汁调配，形成不同风味的饮品，其滋味口感爽滑，细腻脆嫩，有弹性。

汤圆、藕粉、奥利奥等食品原料在新式茶饮中可作为小料，丰富饮品的口感。目前市场上，汤圆、藕粉、奥利奥作为冬季饮品小料，其香糯可口的风味特点和高淀粉含量，能够凸显新式茶饮产品的层次感，让消费者感受到饱腹感。

饮品制作人员应养成良好的个人卫生习惯，严格执行食品安全制度，将各种原料、配料存放至阴凉干燥处或者冰箱内，存放时间不能太久，要注意保质期，生产日期在前的先用，开袋后尽快用完。要随时注意产品的质量，如遇质量不符合要求的情况应舍弃。汤圆、藕粉等小料当日用、当日弃。

图3.5.5 珍珠椰果茶

氮气、二氧化碳等气体也是调饮茶配料。

在茶饮料中加入氮气，会使茶的涩味降低，出品的饮料表面呈现一层绵柔丝滑的泡沫。现在的年轻人对饮品的要求并不单是对口感的追求，他们对成品外观的呈现、美观、视觉冲击也有很高的要求。充氮饮料不仅口感浓郁，还能在成品表面形成泡沫“奶盖”，提升饮品的颜值。

图3.5.6 气弹

在茶饮中加入二氧化碳，能够调节茶饮总体风味，使各种原料的风味更协调，衬托茶的香气，还能给人清爽的感觉。

咖啡、可可与茶叶同为世界三大无酒精饮料，如今在调饮茶中，这三者已经成为饮品的原料搭档。即便是酒类，也经常被运用到饮品调制中。还有巧克力、益生菌等，都可以与茶搭配，与鲜奶搭配，制成的茶饮在视觉上给人一种冲击感，味道也让人回味无穷。

4

调制器具

新式茶饮产品丰富多彩，食品材料多种多样，调制方法千差万别，在饮品调制过程中要用到许多的设备和用具。

图4.1.1 **各种调制器具**

4.1 基础设备

调饮茶制作的基础设备是饮品的加热、制冷处理和饮用水的相关处理设备。加热器具或设备是在饮品生产过程中对饮用水和原、配料进行加热处理，以满足调制需要。新式茶饮产品制作时，许多原料、配料都需要进行加热处理，如调饮中常用的开水、奶茶中的粉圆、糖浆等，都需要通过高温加热处理。常用的蒸煮加热设备主要有电磁炉、开水炉、多功能蒸汽机等。

电磁炉（灶）：是调饮茶制作中最常见的加热设备，具有使用功能多、加热速度快、安全性能高、操作方便且节能环保、容易清洁的特点。要注意的是，在配置时，购买的锅具与电磁炉的功率要配套，一般是使用口径较深的不锈钢锅。用电磁炉加热物料时要注意及时翻动锅底的物料，以免烧焦。

开水机：也称开水炉、开水器或电开水器，在新式茶饮的制作中必不可少。目前奶茶店中采用最多的是步进式开水器和蒸汽开水机。两种开水器都可直接连通净水器自动进水。在使用上各有特点，其中步进式开水器采用逐层加热的方式，节能高效，安全健康，蒸汽开水机可自动控制，连续取水。另外，蒸汽开水机除了能加热出蒸汽和开水外，还具有打奶泡等功能。

开水机在使用时要注意清洁、卫生、安全。一般机器都自带排污装置，操作人员要定期清理，每周排除水碱等沉积物。蒸汽开水机的蒸汽棒每次使用结束后，要用干净柔软的湿毛巾擦拭干净。蒸汽喷头可用清洗液浸泡，再喷蒸汽清洗，或者用清水没过喷头反复喷出蒸汽清洗。机座上的积水盒也要及时进行清理，拿下积水盒表面上的滤盖，倒出积水，清洗内部，擦拭干净后重新把积水盒装回机身。

无论春夏秋冬，新式茶饮中冷饮消费都占有很大比例，因此制冷设备在调饮中经常用到，主要是冷藏柜（保鲜柜）、制冰机、冷冻柜等。

冷藏柜（保鲜柜）：冷藏柜的作用是保证调饮原料、配料和需冷藏的食材如牛奶、水果等饮品的新鲜。目前很多奶茶店都使用冷藏操作台，就是将冷藏（保鲜）调饮原料、摆放调制工具和制作调饮茶的主要操作平台结合起来，形成的一种一体式多功能冷藏设备。

图4.1.2　**一体式冷藏柜**

为保证冷藏保鲜工作台冷凝器的冷凝效果，保鲜柜应当放在通风良好的地方，要及时擦去冷藏柜体外面的灰尘，以免影响制冷效果。用过一段时间以后，如果冷藏保鲜工作台内胆结霜，要及时除霜。冷藏柜温控器的档位可根据不同季节室内的环境温度和实际使用情况进行适当调整。若长时间不使用，则应当切断电源，将冷藏柜内外擦拭干净，待柜内充分清洁干燥后，再将柜门关好，待下次使用。

保鲜原料时，可将不同的食用材料和原料分成小块用清洁无毒的保鲜袋包装好，再分隔存放，以利于柜内空气对流换热，还能防止串味，减少物品的水分散失。对于含酸、碱的物品，要防止其腐蚀保鲜柜内壁。保鲜工作台要随时使用随时清洁，一般使用时用湿布和少量中性洗涤剂擦拭，再用干布擦干净就好。切不可用沸水、有机溶剂、洗衣粉和腐蚀性的清洁剂、酸制剂等对不锈钢工作台保鲜柜有害的物质进行清洁。

制冰机： 冰是冷饮茶中最重要的原料，应用特别广泛，因此制冰机为新式茶饮门店必配设备。制冰机是一种采用制冷系统，将水冷却变成冰的制冷设备，制成的冰块有方块形、圆柱形、菱形等形状。当前调饮中运用较多的是嵌入式制冰机，就是把制冰机嵌入在水吧台里面，使制冰机和水吧台结合成整体操作台面，可提高吧台的操作实用性，节省空间，外形美观。

制冰机操作简单方便，一般是连通水源，打开电源就可以直接进水制冰。因此，使用制冰机时最好配置净水设备，使水质符合国家饮用水标准。由于冰块是调饮茶中主要原料，其卫生安全至关重要却又容易被忽视，在制冰机的使用中，一定要定期清洁消毒。最好是制定制冰取冰操作规范及制冰机维护保养卫生责任制，分日常维护保养和定期维护保养，确保用冰卫生和安全。

制冰机的清洁包括外部清洁和内部清洁，特别是内部清洁尤其重要。制冰机周围环境要洁净，不要堆积杂物，机体外壳要经常擦拭。内部清洁除了每日清洁冰箱外，还要注意到冰箱内膛各处，如翻转抽拉门滑轨处、门面和侧面死角等。制冰机的水管、蓄水槽、储冰箱、水阀滤网等要及时清洗除垢，有的还需更换。

珍珠锅： 用来熬煮珍珠粉圆的全自动蒸煮锅，可以根据珍珠粉圆的原料进行标准化设置，自动控制温度和时间，保持锅内的食材具有Q弹性，品质相对一致。

净水器： 饮品调制过程中用量最大的原料是水，因此水处理是调饮茶最重要的环节。调饮茶门店一般通过净水器对城市自来水进行清洁处理以供应调饮用水。净水器也叫净水机、水质净化器，门店用净水器是一种小型水处理设备，主要对水质进行净化处理、深度过滤，其技术核心是利用滤芯装置中的过滤膜去除杂质、抑制水垢、改善口感。净水器在使用过程中应做到定期排污，并按照滤芯使用期限定期更换净水滤芯。

4.2　计量及混匀器具

新式茶饮产品要做到品质稳定，规格一致，就必须实现调制方法的标准化、操作技术的规范化、配料用量的精确化。在调饮过程中，经常会用到各种称量、计时、测温和定量等器具。调饮常用到的有：带刻度的雪克杯、量筒、量杯、计时器、电子秤、温度计、果粉勺、糖压瓶等。

雪克杯：也称雪克壶、摇杯、调酒壶等，主要用来摇振并混匀调饮产品，使饮品口感均衡。雪克杯由杯盖、过滤网（隔冰器、过滤盖）、杯身三部分组成。制作雪克杯的材质有树脂和不锈钢两种，其中很多树脂材料的雪克杯上带有容量刻度，便于操作时按比例调制。雪克杯有大小不同的容量，调制茶饮时可根据制作需要进行选择。

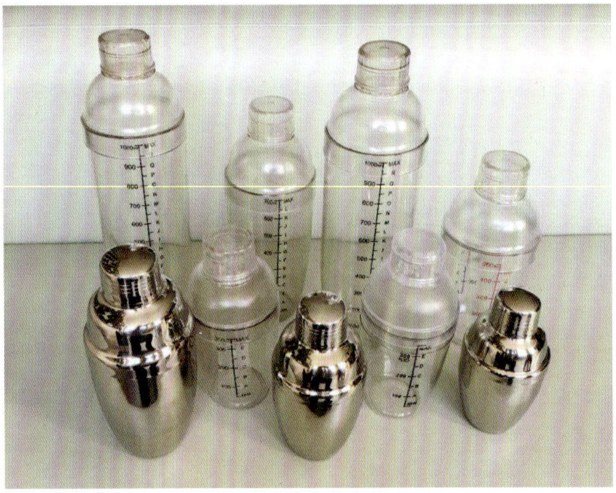

图4.2.1　雪克杯

在饮品物料准备妥当以后放入雪克杯，再加入冰块摇振，可以使调配的各种材料快速冷却，也能促进不易调和在一起的材料充分混合。雪克杯是调饮茶中使用最多的器具之一，几乎60％以上的新式饮品都要用雪克杯摇一摇，让混合的饮品原料充分融合，互相渗透，释放出其最精华的风味。

雪克杯的使用有许多值得注意的地方，主要是盛杯、出杯、握杯、摇混等使用方法。

首先是盛杯和出杯的顺序和方式。在盛装饮品原料时，杯身、过滤网、杯盖平放在操作台上，先往杯中依次放入所需的饮品原料，盖上过滤网，再盖上杯盖进行摇混。摇好后，将雪克杯平放在操作台上，先左手压稳杯身，右手轻轻掰动打开杯盖，将调好的产品倒入出品杯中约1/3，再取下过滤网，把剩余的部分慢慢倒入出品杯中，撇掉浮沫。盛杯和出杯，要按顺序进行，以免损伤雪克杯或影响摇混效果。

其次是握杯姿势。用右手大拇指紧压杯顶，中指与食指压住杯身，无名指与小指夹住杯身；左手大拇指压住雪克杯滤网下方的位置，中指与无名指托住杯底，食指与小指夹住杯身。持杯时要十指握紧，不能让手掌紧贴杯身，防止手温影响杯温加速冰块融化，影响饮品口感。

再次是摇混方法。平常使用最多的是直线摇法，手持雪克杯在一条直线上前后摇晃，摇的时候少腕力，多用臂力摇，这样比较省力。直线摇法有水平前后摇动和斜面上下摇动。水平前后摇动时双手拿雪克杯至肩膀与胸部的中间位置，保持杯体水平，前后有规律地摇动。斜面上下摇动就是双手拿雪克杯移至右肩前方，杯顶向上，在右胸前斜线上下摇动。也有单手握杯，手臂伸直与肩平作斜向上下摇动的。

混合的饮品原料在雪克杯中混摇时，摇的力度轻重和摇的次数多少要根据调制的产品品类和原料特性来确定，否则会影响饮品的口感。比如摇奶茶匀摇5～6次，让牛奶、果糖、冰块等原料充分融合即可，柠檬茶要轻摇10次左右，使柠檬与茶汤的清香和滋味协调。若饮品中添加有奶油等不易混合的原料，则至少要用力摇动约30次。

雪克杯不要装热水。在使用时，还要注意及时清洁，用完即洗，保持干爽。

量杯、量筒：一般是有标准刻度的玻璃杯或玻璃筒，用于调制饮品时量取各种液体原料，或测量不规则固体原料的体积，也可用作调制时的接收器。量杯有不同的形状和容量，一般需要准备不同规格供调饮时选用。

图4.2.2 **量杯、量筒**

盎司杯：盎司杯也叫量酒器，杯体小巧，杯上有刻度，是一种特别的不锈钢量杯，两头呈漏斗形，一头大，另一头小，可以分别盛量不同容量的液体。

计时器：是计量时间的装置，具有基本的计时功能。计时器使用简便，在调制饮品时如萃取茶汤、熬煮珍珠粉圆等需要控制时间的环节，能用来提醒操作，以保证制作标准及饮品调制质量。

图4.2.3 **盎司杯**

电子秤：是称量饮品原料、配料的工具。目前常见用的电子台秤使用方便，称重准确，数据显示直观，而且称重过程速度快，精度高。电子秤在使用前要注意先清零。

温度计：是判断和测量温度的工具。有的饮品调制对温度有一定的要求，如茶汤的萃取需要对温度有精确的把控，温度计可用来测量水温，以保证萃取质量和调制效果。

图4.2.4 **果糖机**

果糖机：是调饮茶门店用来贮存果糖并在调饮时定量添加果糖的设备。果糖机操作简单，定量准确，干净清洁。

利用果糖机可将多种糖浆原料如果糖、蜂蜜等储存于机器内，设置好糖度添加标准，调制时点击按键，就可以按照设定的糖量自行添加原料，出糖速度很快，一般在1秒以内就可以完成一次加糖过程。

果糖机有16格（按钮）或24格不同的规格，可以根据常用的果糖添加量将每格设置成固定的数字，调制饮品时按压相应按钮即可添加果糖。有的新式茶饮门店直接按正常糖、半糖、少糖、无糖等设置果糖机，更为直观，便于新手操作。

果糖机使用完毕之后，每天要清洗内胆，排尽果糖后用温水浸泡，再使用清洁抹布擦拭干净。果糖机出糖嘴可以取下，去除糖嘴内的附件，疏通糖嘴内部，用温水清洁干净后再装回机器。经过一段时间的使用后，需要对果糖机进行量度调整，以保证使用时每格果糖添加量的精准度。一般调饮茶门店可以3天为一周期，校准的方法比较简单，就是将不同刻度的果糖释放出后用电子秤进行称量，与标准量校对。

果粉勺：也称之为量粉勺。主要用于量取果粉、果酱类的调饮原料。因原料种类不同，一勺原料的质量也有差别。一般1勺果酱类原料大约30g，1勺粉状类原料大约10g。

糖压瓶：用于取用和盛量黏稠状液体材料的器具。糖压瓶瓶身有刻度，瓶口装有压泵，一次可以按压出定量的液体原、配料。新式茶饮调制时常用到的糖浆、果酱、蜂蜜、炼乳等黏稠状物料，均可选用糖压瓶，可精准定量，简单方便。

保温茶桶：半成品完成后，需要及时保鲜储存。保温茶桶即是用来存放提前准备好的各种调饮茶预制材料如茶汤、奶茶、牛奶等的容器。保温茶桶有树脂材质的，也有不锈钢材质的，具有良好的保鲜作用，一般保温约6小时，保冷可达12小时。保温茶桶有大有小，一般店面要根据实际需要配置茶桶，将物料分类存放保鲜。

经营过程中要注意，保温茶桶中的茶汤要及时清理。在用过一段时间后，保温茶桶里会出现茶垢，可以用加热过的米醋或用小苏打浸泡后用毛刷刷洗。清洗完茶垢后再用清水彻底冲洗茶桶，避免杂物影响茶汤的口感。

图4.2.5 保温茶桶

4.3 原料处理及调制器具

饮品的调制实际上就是对原料、配料进行处理、加工，再将这些加工后的材料与各种辅料按照比例，用一定的方式进行萃取、拼和、融匀，以达到一定风味口感的过程，这个过程常常会用到萃取、榨汁、切片（块）、搅拌等食品加工工艺。新式茶饮中的原、配料处理及饮品调制常用的有萃茶机、沙冰机、氮气咖啡机、气泡水机、奶油枪、打蛋机、榨汁机、电动奶泡器等一些小型机器，还有捣冰锤、吧勺、过滤网、冰铲、冰夹、冷萃壶、水果刀和砧板等一些小工具。

萃茶机： 一种利用高速旋转的水流对茶包进行冲泡，快速提取茶汤的机器。利用萃茶机泡茶，可以根据不同茶类和需求设定萃茶时间、机械转速，操作方便，萃取时间短，可保证茶饮的口感。除了萃茶外，萃茶机配合不同的刀片组，还可以打沙冰、奶泡、奶盖。萃茶机是每个茶饮店都必不可少的常用机器，要保持清洁卫生，每天工作结束后，要把萃茶机的杯盖、机身和机器内部清洗干净并擦干备用。

沙冰机： 也叫冰沙机、冰沙制作机、冰沙搅拌机，是通过刀片的高速切割碰撞，将冰块打磨成细软的冰沙。沙冰机与萃茶机原理相同，结构相似。许多冰沙机和萃茶机采用同一个机芯，不同的刀片组，通过机器上的操作按钮进行不同功能的切换。沙冰机长时间连续使用，机器表面会发热，要注意让机器适当休息。另外，日常使用后，应及时清洁沙冰机并擦拭干净。

图4.3.1 **萃茶机**

图4.3.2 **冰沙机**

氮气咖啡机：最初用于制作冷萃氮气咖啡，现在也用于氮气茶、氮气果汁等茶饮调制。这种机器在低温和高压的作用下，使氮气溶进茶汤、咖啡或果汁等液体中，当液体回归到正常压力下时，就会有大量气泡产生，在液体表层形成厚厚的细腻泡沫。这些泡沫使饮品喝起来口感醇厚，绵密顺滑。

气泡水机：就是将气瓶中的压缩二氧化碳以高压方式压入水中，使水中二氧化碳饱和，产生大量气泡的机器。气泡水用来制作饮品时有绵密的气泡，口感好，颇受消费者欢迎。气泡水机一般有气瓶式气泡水机和气弹式气泡水机两种。

奶油枪：也叫奶油泡沫枪、奶油发泡器。奶油枪在压力作用下，将气弹中的气体溶进液态奶油中，让气体和奶油融为一体，挤压过程中奶油从喷嘴流出来，气体膨胀使奶油变成泡沫状。

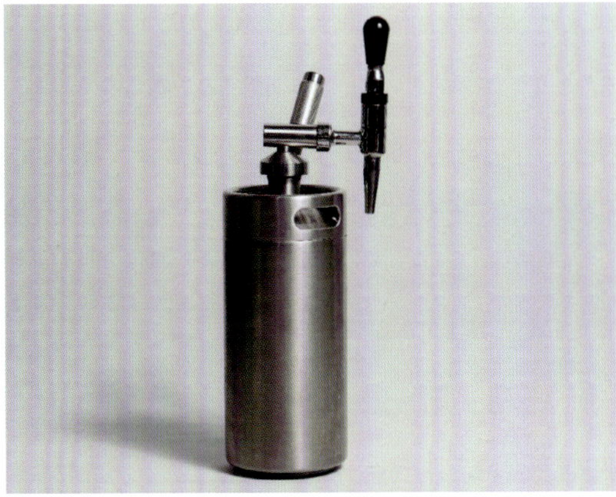

图4.3.3 **氮气咖啡机**

图4.3.4 **气泡水机**

图4.3.5 **奶油发泡器**

柠檬锤：柠檬锤也称碎冰锤、捣汁棒、压汁棒、手打棒、捣冰锤、冰锤棒。在饮品调制时经常用到，主要用来敲碎大块的冰块，或者捣出水果的汁水。柠檬锤的材质有纯木质、不锈钢配塑料等。

图4.3.6 **柠檬锤**

吧勺：吧勺的一头为汤勺状，一头为叉子状，中间为螺旋形，也称为多功能双头勺、长调棒、吧更、不锈钢搅拌棒，是奶茶店常用的小物件。在调制饮品时勺面可以用来舀粉质类的原料以及调制搅拌，叉子破冰，也可以取水果片类的原料，螺旋手柄用于导流。

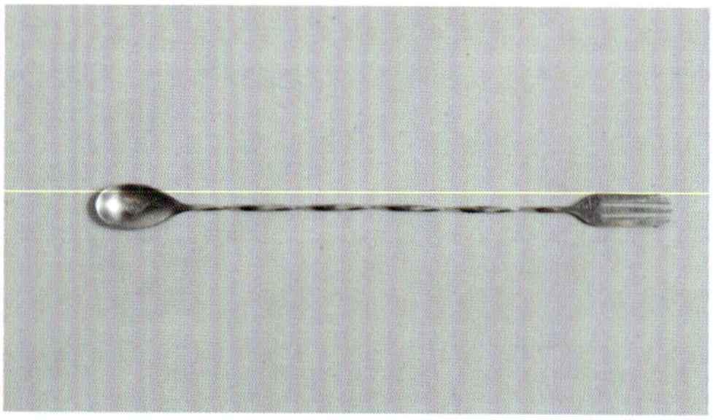

图4.3.7 **吧勺**

冰铲、冰夹：冰铲是用来从制冰机里取出冰块的工具，有金属和塑料材质的。由于冰铲多用于从制冰机中取冰，再添加到饮品中，接触人体和其他用具较多，一定要注意清洁、卫生。冰夹是调制饮品时夹取冰块的工具，也可以用来夹取水果片。

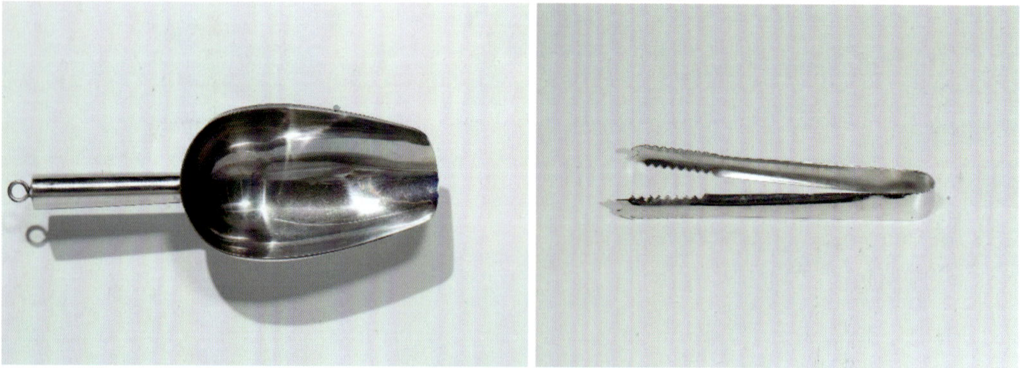

图4.3.8 **冰铲、冰夹**

水果刀、砧板：是水果茶饮料最常用的工具组合，用来分切水果等食材。切水果时，锋利的水果刀对水果的挤压更小，更容易塑形和保持食物营养。为避免不同食物之间串味，水果刀和砧板使用之后要及时清理干净并消毒。

在饮品调制过程中，由于饮品原料五花八门，需要用很多工具处理。日常门店中常用到的器具还有打蛋机、榨汁器、开罐器、吧台果汁壶、各种滤网、漏勺、滤茶袋等。

图4.3.9 打蛋机

图4.3.10 简易不锈钢手动水果榨汁器

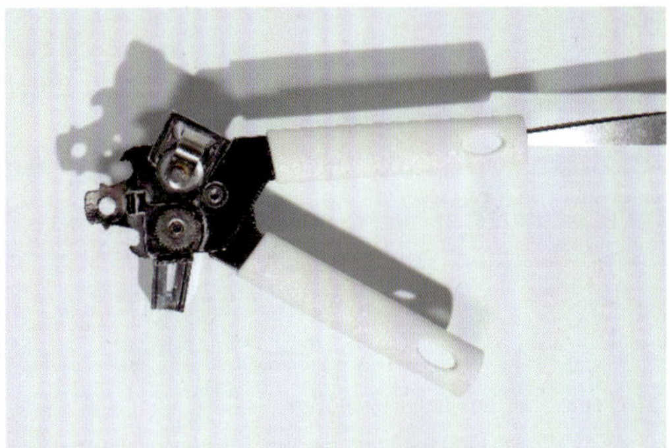

图4.3.11 开罐器

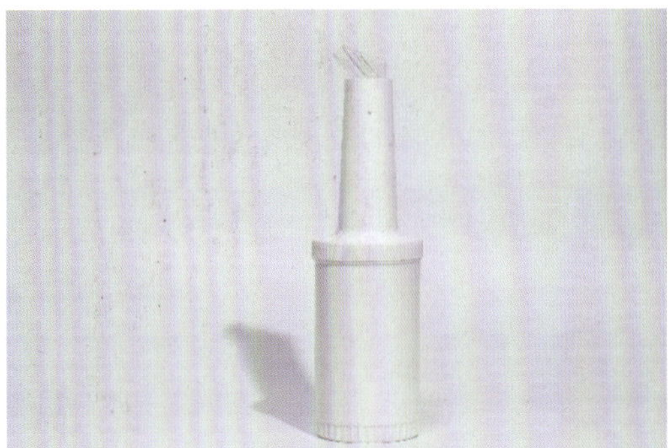

图4.3.12 吧台果汁壶

图4.3.13　**各种滤网、漏勺**

调制的饮品出品时更要有良好的包装和便于饮用的器具。出品包装及其他配套用品主要有出品杯、封口机、不锈钢锅、吸管、保鲜膜、保鲜盒、茶叶罐等。

出品杯：就是饮品调制完成后用来盛装成品并提供给消费者饮用的茶杯。目前市面上销售的出品杯在材质、大小、质量等方面都有很大差别，新式茶饮店会根据饮品种类和特点及顾客需求进行选择，使用最多的是一次性塑料杯、纸杯，也有用玻璃杯的。

塑料杯常用PP杯、PET杯，质感、手感、通透度及对饮品品质的保护，都可以满足要求。一次性纸质出品杯通常以原木浆纸、白卡纸为主，在茶杯表面用聚乙烯材料进行淋膜防水。茶杯容量有360毫升、450毫升、500毫升、600毫升、700毫升甚至1000毫升不等，门店饮品销售时分别称呼为小杯、中杯、大杯。

图4.3.14　**家用小型泡茶壶**

图4.3.15　**玻璃出品杯**

封口机： 封口机是饮品店必备设备。将调制好的饮品装入一次性塑料杯、纸杯等包装容器后，为了使水果茶、奶茶等饮品密封保存，保持风味，需要用封口机对包装容器进行封口。一般饮品店成品出品时，封口机都能做到加盖、封口、标签打码自动完成。

图4.3.16 **出品杯（纸质、塑料）**

5

调饮方法

5.1 奶茶

新式茶饮中的奶茶也称现制奶茶，是指在以现场冲泡浸提的茶汤中，加入一种或多种乳、乳制品、植物蛋白、植脂末，再配以糖浆、珍珠粉圆或其他辅料，经混合、摇茶等工序制成，保持茶和奶风味的现制现售液体饮料。

图5.1.1 奶茶

奶茶最早起源于我国的西藏地区，这里的人民很早就将奶和茶融合在一起饮用。15世纪，随着藏传佛教的传播，这种饮茶方式逐步在世界各地传播并不断演变，又传到我国香港、台湾等地区。直到1987年，台湾省商人将地方小吃粉圆加到奶茶中的珍珠奶茶诞生，奶茶才真正全面推向了大陆市场，先后登陆珠三角地区以及上海等沿海发达城市的各大西餐厅、咖啡厅，成为很多人喜爱的日常饮品。

市场上早期流行的奶茶主要以茶粉、风味糖浆、珍珠粉圆、奶精等各种人工合成的调料混合冲泡为主，其中并不含茶汤和鲜奶。后来逐步发展为以茶叶、鲜奶和乳制品、蔗糖等天然食材为原料的真正意义上的奶茶。

根据饮品中蛋白质的来源不同，新式奶茶可分为以下4种。

含乳奶茶： 奶茶中的蛋白质主要来源于乳或乳制品，并且要求蛋白质的含量（g/100g）≥1.0。

植物蛋白奶茶： 奶茶中的蛋白质主要来源于含有一定蛋白质的植物果实、种子、种仁等，或者加入食品加工用植物蛋白。要求奶茶中的蛋白质含量（g/100g）≥1.0。

奶味奶茶： 奶茶中的蛋白质主要来源于添加的植脂末。

复合奶茶： 奶茶中的蛋白质主要来源于乳或乳制品、含有一定蛋白质的植物果实、种子、种仁等，或食品加工用植物蛋白、植脂末。

新式奶茶常用的主要原料是茶叶、乳、乳制品、植物蛋白、植脂末，辅料有糖、果葡糖浆、盐等。无论是原料还是辅料都是根据产品调制需要来选择使用，其中原料的选用是决定奶茶品质、风味、档次的关键。

新式奶茶的核心原料是优质原叶茶，因此要得到一杯品质优良的奶茶，在调制时最好精选原产地中上等茶叶为基底，根据奶茶风味品质需求的不同，选用红茶、乌龙茶、绿茶、花茶均可。茶叶原料的选择特别要考虑茶汤的溶出效率、香气的高低和滋味的浓淡等要素。

新式奶茶原料中的乳、乳制品包括液体乳、乳粉、炼乳和其他乳制品。最常用的主要有杀菌乳、灭菌乳等液体乳，其中杀菌乳由生鲜牛（羊）乳经巴氏杀菌处理制成，产品需要在低温状态冷藏储存保鲜，保质期比较短，仅2～15天。灭菌乳是生鲜牛（羊）乳经灭菌制成的液体产品，有的还会添加辅料，产品可在常温下保质1～8个月。无论是选用哪种乳、乳制品，均要求新鲜未变质。

植物蛋白和植脂末在一般中低档奶茶中应用比较普遍。植物蛋白来源于植物，营养全面，也容易被人体消化吸收。在奶茶调制中经常用到。

奶茶的调制过程一般包括茶汤浸提、茶汤过滤、原辅料混合、摇茶、包装出品等5个环节。

作品名称　珍珠奶茶

图5.1.2　**珍珠奶茶**

作品介绍

珍珠奶茶是新式茶饮中最常见的饮品，简称珍奶。珍珠奶茶就是将煮制好的粉圆加入奶茶之中，其饮用最早流传于我国台湾，后来在大陆广泛流行。不同品牌的珍珠奶茶在特色和风味上存在差异，但其总体调制方式、原料选配基本相似。其中珍珠粉圆的品质及处理方法对饮品口感影响很大。

珍珠粉圆由淀粉制成，经过熬煮再用浓糖水浸泡后，外观晶莹，口感滑润有弹性，有甜味。闽北乌龙茶花果香明显，汤色橙红明亮，滋味醇厚，可以作为茶底，与牛奶混合后加入冰块，将各种原料充分混合，获得冰爽的口感，再与珍珠粉圆搭配，从而形成消费者喜爱的珍珠奶茶。

原料配料：闽北乌龙茶，鲜牛奶，珍珠粉圆，稀糖水，冰块。

主要用具：泡茶用具、过滤网、雪克杯、电磁炉、不锈钢锅、漏勺、果粉勺、盎司杯、量杯、冰夹、吧勺等。

调制参数：闽北乌龙茶5克，鲜牛奶100毫升，稀糖水30毫升，冰块若干。

图5.1.3 **原料配料**

调制步骤

1. **“珍珠”熬煮。**用电磁炉将不锈钢锅中的清水煮沸，向其中投入粉圆，中火保持滚水熬煮15～20分钟，熬煮时用漏勺间断搅动，防止煳锅，至粉圆浮起后关火。煮好熄火后再闷15～20分钟，然后将煮制好的粉圆用漏勺捞出，用冷开水冲洗后滤干，再加入糖浆或浓糖水浸泡处理，制成调制奶茶需要的“珍珠”。量取适量处理好的“珍珠”装入出品杯中待用。
2. **茶汤浸提。**取闽北乌龙茶按照茶水比1∶40的浸提比例，用98℃左右开水浸泡6分钟获得需要的茶汤。茶叶浸提过程中轻微搅拌2次。

图5.1.4 **准备珍珠粉圆**

图5.1.5 **茶汤浸提**

3. **茶汤过滤**。为保证茶汤品质，将泡好的茶汤用滤网过滤，取200毫升茶汤备用。

图5.1.6 **茶汤过滤**

4. **原料调配**。在雪克杯中加入鲜牛奶，再分别加入浸提过滤好的乌龙茶茶汤、稀糖水，最后加入适量冰块，数量根据出品杯容量调整。

图5.1.7 **原料调配**

5. **摇茶**。将装好原料、配料的雪克杯封杯封盖后，急速地摇动，使茶汤与其他配料充分混合均匀。

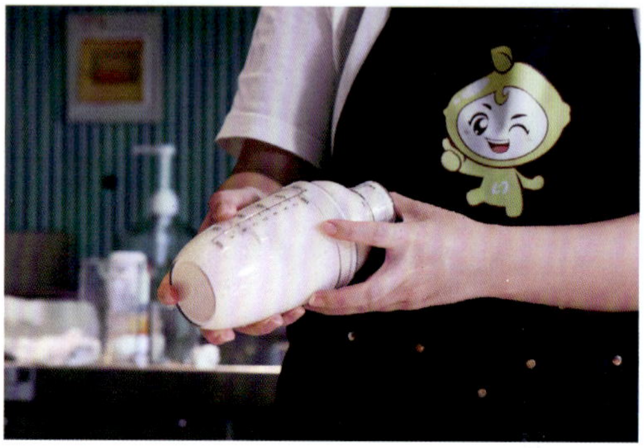

图5.1.8 **摇茶**

6. **调制出品**。摇茶结束后将制好的奶茶倒入装有珍珠粉圆的出品杯中，用吧勺轻轻搅拌均匀，适当整理即为成品。

图5.1.9 **调制出品**

作品名称 花香奶茶

图5.1.10 花香奶茶

作品介绍

植脂末最早是作为咖啡伴侣出现的，是由植物油脂和酪蛋白精制而成的一种现代食品，广泛应用于食品生产中，目前在新式茶饮中也经常用到。由于人们对于植脂末健康性的评价不高，在新式茶饮中植脂末的使用逐渐减少，许多品牌出现“0植脂末”的奶茶标识。

在最常见的茉莉花茶茶汤中加入植脂末，搅拌均匀，使植脂末充分溶解，加入糖水调味，再加冰锁香，然后调匀，就成了口感细腻、香浓顺滑的花香奶茶。

原料配料：茉莉花茶，植脂末，糖水，冰块。

主要用具：煮水器、玻璃泡茶壶、果粉勺、电子秤、盎司杯、冰夹、玻璃棒、出品杯等。

调制参数：茉莉花茶4克，植脂末20克，糖水25毫升，冰块50克。

图5.1.11 **原料与用具**

调制步骤

1. **茶叶冲泡。**称取茉莉花茶4克投入泡茶壶中，按茶水比1：50的比例向壶中注入90℃左右的开水，冲泡7分钟左右，待茶叶滋味充分浸泡出来。茶叶浸提过程中可将泡茶壶滤网轻微上下提取2次，获取200毫升茶汤备用。

图5.1.12 **茶叶冲泡**

2. **原料准备**。用电子秤称取20克植脂末倒入出品杯中。

图5.1.13　**称取植脂末**

3. **原料混合**。将泡好的茉莉花茶茶汤注入放有植脂末的出品杯中。边加茶汤边用玻璃棒搅拌，使植脂末充分均匀地溶解于茶汤中。

图5.1.14　**原料混合**

4. **加冰**。迅速用冰夹向茶汤中加入冰块，使饮品原料与冰块在充分混合摩擦中瞬时冷却，以获得冰爽的良好口感。

图5.1.15　**加冰**

5. **加糖调味**。将准备好的糖水加入茶汤中，用玻璃棒搅拌，待茶汤均匀即可。

图5.1.16　**加糖水**

作品名称 肉桂奶茶

图5.1.17 肉桂奶茶

作品介绍

肉桂粉也叫玉桂粉，是用肉桂的枝干去皮后制成的粉末，有助于活血通经、散寒止痛、降血脂、降血糖等。不仅如此，肉桂粉还具有芳香气味，因此其在咖啡和烘焙产品如蛋糕、面包中经常被用到。

肉桂奶茶以普洱熟茶红浓醇厚的茶汤为主体，辅之牛奶和奶泡的柔软细腻，再加上肉桂的芳香、温和，调制而成的饮品醇厚顺滑、肉桂香明显。品尝时肉桂香、奶香、茶香交织，茶味、奶味、肉桂味融合，颇有情趣。

原料配料：普洱茶，牛奶，淡奶油，肉桂糖浆、白砂糖、食盐、肉桂粉、糖水、冰块。其中肉桂糖浆也可以用白糖、肉桂棒、橙子等配料现场熬制。

图5.1.18　**主要原料**

主要用具：煮水器、泡茶壶、过滤网、雪克杯、量杯、手持打蛋器、出品杯等。

调制参数：普洱茶6克，牛奶80毫升，淡奶油20毫升，肉桂糖浆20毫升，糖水20毫升，冰块150克，食盐适量，白砂糖适量。

调制步骤

1. **茶汤浸提。**将6克普洱茶散茶（熟茶）投入泡茶壶中，按茶水比1：50的比例用95℃以上开水浸泡6分钟。茶叶冲泡过程中可轻微搅拌2次，便于茶汤滋味物质浸出。泡好的茶汤过滤后获得300毫升备用。
2. **奶盖制备。**将淡奶油、白砂糖和食盐按100：8：1的比例（可根据实际口味需要调整）混合，用手持打蛋器打发。制成的奶盖冷藏备用。
3. **原料混配。**向700毫升容量的雪克杯中注入300毫升普洱茶茶汤，再向其中加入原料配料，包括牛奶、淡奶油、肉桂糖浆、糖水和冰块，盖上滤网、杯盖。

图5.1.19　**原料混配**

4. **茶汤调制。**手握雪克杯，上下摇动，使杯中茶汤及调制原料充分混合，待茶汤均匀稳定为止。

图5.1.20　**茶汤调制**

5. **添加奶盖。**将摇匀后的茶汤倒入出品杯中，再在茶汤表面添加制备好的奶盖，直至奶盖满杯，与出品杯口平齐。

图5.1.21　**添加奶盖**

6. **点缀出品。**在饮品上方撒一层肉桂粉，出品。

图5.1.22　**撒肉桂粉**

作品名称 创意奶茶——春意

图5.1.23　**春意**

作品介绍

拿铁（Latte）是意大利语中“牛奶”的意思，在中国常用于咖啡行业。新式茶饮兴起后，抹茶拿铁成为最受消费者欢迎的调饮茶品类之一。市场上流行的抹茶拿铁是用抹茶汤、牛奶、糖水和冰块混合调汤，再用淡奶油、白砂糖、食盐打发成奶泡，添加在调制好的茶汤表面，装饰美化后出品。

本作品为了突出抹茶色亮绿、味鲜醇的品质特点，刻意淡化其他配料的作用，仅用牛奶的温润、糖水的清甜和冰块的刺激来调色调味。作品调制过程中可以观赏到鲜绿的茶汤在乳白色牛奶中渗透、游动的色彩美，也可品尝到抹茶和牛奶搭配后的润滑爽口，享受一杯便觉春意盎然。

原料配料：抹茶，牛奶，稀糖水，冰块。

图5.1.24 **原料与用具**

主要用具：煮水器、雪克杯、盎司杯、建盏、茶筅、冰夹、吧勺、出品杯等。

调制参数：抹茶3克，牛奶100毫升，稀糖水20毫升，冰块60克。

调制步骤

1. **抹茶冲调。**准备好一个茶碗（盏），在碗中加入3克左右抹茶粉。先向碗中冲入15～20毫升90℃左右的热水，用茶筅搅拌抹茶，使其充分均匀地融入热水。然后再向茶碗中冲入100毫升开水，用茶筅击打茶汤至形成均匀的泡沫。调好的茶汤静置备用。

图5.1.25 **抹茶冲调**

2. **添加配料。**取容量300毫升的雪克杯，向其中加入事先备好的100毫升牛奶、20毫升稀糖水和40克冰块。

图5.1.26 **加奶加冰**

3. **手握雪克杯，上下摇晃，使雪克杯中各种原料混合均匀。**

图5.1.27 **雪克杯摇匀**

4. **出汤。**摇制好的混合液倒入出品杯中，再向其中加入少量冰块。

图5.1.28　**出汤加冰**

5. **添加茶汤。**将调制好的抹茶注入到出品杯中。添加茶汤时要缓慢注入，这样可以欣赏到青绿茶汤渗透到乳白牛奶中的动态图像。

图5.1.29　**注入茶汤**

6. **调制出品。**用吧勺在出品杯中旋转2圈，轻轻搅动茶汤，使茶汤与牛奶混合，即可出品。

图5.1.30　**调汤出品**

5.2 水果茶

新式水果茶是以茶叶为原料，经现场水浸提取得的茶汤，加入一种或多种鲜果和（或）水果制品，配以糖浆或其他辅料，经混合、摇茶等工序制成，保持水果和茶风味的现制现售液体饮料。

以果入茶的茶叶饮用方式在魏晋南北朝就已形成，这是现代水果茶的雏形。《广雅》记载了用果蔬和调味品制作茶汤的方法："荆、巴间采叶作饼，叶老者，饼成以米膏出之。欲煮茗饮，先炙令赤色，捣末置瓷器中，以汤浇覆之，用葱、姜、橘子芼之。其饮醒酒，令人不眠。"这种方法到唐朝仍有保留。陆羽《茶经・六之饮》记载有相似的饮茶法："用葱、姜、枣、橘皮、茱萸、薄荷之等，煮之百沸。"以果品入茶的记载在元代杂剧中频繁出现，有茶中放乌梅煎制的"梅茶"、茶汤中加杏仁等果干的"杏汤"、加木瓜的"木瓜茶"、用荔枝调制的"荔枝膏茶"，以橙子的果肉调制的"金橙茶汤"等。可以说，元代用各种果品调制茶汤已经相当的普遍。

图5.2.1 水果茶

这些以果入茶的饮茶方式一直流传至今，只是果品越来越丰富，茶饮形式也越来越多样，逐渐形成现在的新式水果茶。在海峡两岸茶业交流协会2021年5月20日发布的团体标准《茶类饮料 现制水果茶》中，根据新式茶饮中添加的水果或水果制品不同，将水果茶分为三种。

鲜果水果茶：调饮茶制品中主要添加有一种或多种新鲜的水果（瓜果）。这一类水果茶中除新鲜水果外，不含有任何其他水果加工制品。

综合水果茶：在水果茶制作中同时添加有新鲜水果和水果制品。这一类水果茶除采用新鲜水果为原料外，还会用一定比例的水果加工制品作为补充，或是水果制品为主要原料，以新鲜水果为补充。不同企业生产的综合水果茶中，鲜果和水果制品添加比例各异。

果制品水果茶：主要添加一种或多种水果制品。该类水果茶的主要原料均为水果加工制品，制作中没有用新鲜水果作原料。

水果茶要求同时保持水果和茶的风味，且大多以果品的种类来命名，果品种类和质量是影响茶饮品质最重要的因素。因此，选择水果时常常会从果色、酸甜度、香味等几个方面来考虑。无论是什么果品，都要求果形完好、无腐烂、无病虫害，色泽鲜艳、汁多肉厚、甜酸适当、香味浓郁，绿色无公害。

有的水果茶是以水果制品为原料调制而成的。水果制品就是将水果用物理、化学或生物等方法处理后加工制成的产品。由于加工过程会失去水果的部分香、味和自然特征，水果制品与新鲜水果在使用效果上有一定的差异。水果茶制作中常用的水果制品有果汁类、糖制果品类、水果罐头、果干等。

果汁类水果制品是通过压榨获取果实的汁液，去掉残渣的产品，经过密封杀菌或浓缩后再密封杀菌贮藏，其风味和营养都非常接近新鲜果品。水果茶制作用到的浓缩汁、颗粒汁都属于这一类。常用的糖制果品主要是果酱，是将果品用高浓度的糖加工处理而成。由于水果的供应具有季节性和区域性，有些中低档水果茶会用到水果罐头，就是果品经处理加工后装入一定的容器内，脱氧密封并高温灭菌，密封性好，保藏时间长，缺点是果品加工过程中风味口感发生一定变化，还会加入防腐剂、香精、色素等食品添加剂。水果茶制作中，将果品脱水干燥制成的果干也经常用到。

调饮茶中的水果茶调制过程一般包括茶汤制备、果品处理、原辅料混合、摇茶调制、造形出品等5个环节。

作品名称 甜橙茉莉

图5.2.2 **甜橙茉莉**

作品介绍

一年好景君须记，最是橙黄橘绿时。北宋大文豪苏轼对橙子、橘子情有独钟，特别喜爱其芳香多汁的风味，说橘子“香雾噀人惊半破，清泉流齿怯初尝。吴姬三日手犹香。”认为橙黄橘绿的季节就是一年中最美好的光景。而茉莉花茶早在明代就开始受到人们的喜爱，顾元庆还在《茶谱》中详细记载了窨制花茶的方法。茉莉花天赋仙姿，玉骨冰肌，“一卉能薰一室香，炎天犹觉玉肌凉”，是花茶加工中应用最多的茶用香花。

甜橙茉莉就是以茉莉绿茶和甜橙为主料，通过调制将橙子、柠檬等芸香科植物的芬芳气味，甜酸可口的口感，和茉莉花茶馥郁香气、醇厚甘爽的滋味融合起来，花香、果香、茶香、甜香交融，甜、酸、醇、爽交织，形成其魅力无穷的良好风味。

茉莉花茶去寒邪、助理郁，具有丰富的营养和保健功能。甜橙有清热降逆之功、善清肺胸之热，果皮能理气、化痰、健胃、导滞，夏秋季品饮甜橙茉莉绝对是爽口爽心的美好享受。

原料配料：茉莉毛尖，甜橙，黄柠檬，青柠檬，白砂糖，冰块。

图5.2.3 **主要原料**

主要用具：雪克杯、泡茶壶、柠檬锤、电磁炉、水果刀、砧板、冰夹、吧勺、计时器等。

调制参数：茉莉毛尖5～7克，甜橙5片，黄柠檬、青柠檬各1片，冰块、白砂糖适量。

调制步骤

1. **原料准备。**将甜橙、柠檬清洗干净，切片备用，要求厚薄适宜（约1圆硬币厚度）、均匀。在电磁炉上将白砂糖用清水加热溶解并熬制成稀糖水。
2. **茶汤准备。**称取茉莉毛尖茶放入泡茶壶，用90℃左右开水按照茶水比1：40～1：50的比例冲泡，浸提茶汤约6分钟，获得200～300毫升茶汤备用。
3. **造型准备。**用冰夹将切好的甜橙片放入出品杯中，排列好造型备用。

图5.2.4 **排列甜橙**

4. **调制。**取700毫升容量的雪克杯，将切好的黄柠檬、青柠檬各1片，加入40毫升稀糖水（可根据个人喜好调整糖水添加量），再用冰夹将甜橙5片夹入杯中。用柠檬锤轻捣柠檬和橙子片（捣切片中间）5下。

图5.2.5　**柠檬压汁**

5. **摇茶。**在加有糖浆、柠檬的雪克杯中加入150克冰块，套上过滤网，盖上杯盖，轻摇5～6下后放在操作台上。

图5.2.6　**摇匀**

6. **调匀出品**。将调配好的物料倒入出品杯中，向杯中加入250毫升冲泡好的茉莉毛尖茶茶汤，用吧勺将茶汤和糖浆、冰块搅拌均匀，再把甜橙片调整美观即可出品。

图5.2.7 **调制出品**

作品名称 蜜桃熟了

图5.2.8 **蜜桃熟了**

作品介绍

“海霞红点王母颊，玉团中涵秋水色。”大多数人的心目中，蜜桃不仅仅是一种水果，还是一种美好的象征。人们喜爱蜜桃是从灿烂的桃花开始的，温情又浪漫，更喜爱蜜桃秀美的形态，鲜艳的色彩。蜜桃浆汁丰富，皮薄肉嫩，果肉细腻，汁甜如蜜，有助于养阴、润肠、活血、生津、止喘、丰肌美肤、补气润肺。

本作品去其华求其实，充分利用夏秋季新鲜蜜桃的甜美滋味，用清新醇厚的绿茶茶汤作基底，香水柠檬调味提香，调制的成品朴实无华，却风味迷人，回味悠长。

原料配料： 绿茶，新鲜蜜桃，青柠檬，冰块，糖浆。

主要用具： 冰沙机、玻璃泡茶壶、雪克杯、盎司杯、冰夹、水果刀、砧板等。

图5.2.9 **主要原料、用具**

调制参数： 绿茶3克，蜜桃果肉100克，青柠檬，冰块，糖浆适量。

调制步骤

1. **材料准备。** 将水蜜桃、柠檬清洗干净，根据需要把蜜桃切块，柠檬切片。称量好绿茶、糖浆备用。
2. **茶汤准备。** 将茶叶投放到泡茶壶中，用90℃左右的开水按照茶水比1∶50的比例冲泡，浸提茶汤6分钟左右，取150毫升茶汤备用。

图5.2.10 **茶汤冲泡**

3. **果肉制备。**茶汤浸泡过程中，将切好的蜜桃块放入冰沙机，盖好盖子，开启电源，将果肉搅打至合适大小，要求颗粒均匀。

4. **原料混匀。**将蜜桃果肉、适量冰块、糖浆加入到雪克杯中，套上过滤网，盖上盖子，轻摇5~6下，倒入出品用的玻璃杯中。

5. **茶汤调味。**在玻璃杯中加入冰块，再注入泡好的茶水，至八分满为止。

6. **点缀出品。**将切好的柠檬片夹入出品杯中，提香调味，点缀外观。

图5.2.11 **果肉制备**

图5.2.12 **摇好的果肉中加入冰块**

图5.2.13 **注入茶汤**

作品名称 芒果冰沙

图5.2.14 芒果冰沙

作品介绍

芒果是一种热带水果，从印度引入中国，后来由唐朝高僧玄奘法师推广到印度以外的其他国家。芒果有特殊的香气，其花繁茂，含糖量高，也叫“蜜望子”。《本草纲目》记载“庵罗果俗名香盖，乃果中极品”，又称其为“香盖”。具有香气高、味道美、汁多可口，富含膳食纤维等优点，被誉为“热带水果之王”，对晕眩呕吐、食欲不振、口渴咽干、消化不良等有一定改善作用，沿海地区的人们还通过食用芒果来防止渡海乘船时的晕吐。

芒果冰沙在调制时为突出表现芒果的香甜口味，应简化原料，仅采用清香型乌龙茶茶汤，大量冰块和少量白砂糖适当调味。制成的饮品香气芳烈，果肉丰富，丰腴的果肉和充盈的汁水交织，饮一口满嘴清甜，再加上冰沙的颗粒感在口中融化，有助于驱走烦闷和疲劳。

原料配料：清香型乌龙茶，芒果，白砂糖，冰块。

主要用具：冰沙机、泡茶用具、冰夹、吧勺、电子秤、计时器等。

调制参数：茶叶5～7克，芒果120克，冰块200克，白砂糖适量。

图5.2.15 清香型乌龙茶

调制步骤

1. **水果准备。**将新鲜芒果清洗干净，去皮，切块备用。
2. **糖浆制备。**在电磁炉上将白砂糖用清水加热溶解并熬制成稀糖水。
3. **茶汤制备。**称取清香型乌龙茶5～7克放入泡茶壶，用开水按照茶水比1：40～1：50的比例冲泡8～10分钟，滤出茶汤取200～300毫升备用。
4. **原料混合。**从制冰机中取出冰块200克放入冰沙机中，再将切好的芒果120克、乌龙茶茶汤200～300毫升和适量稀糖水依次加入冰沙机。

图5.2.16 芒果备料

图5.2.17 加入芒果、茶汤

5. **冰沙制作。**打开冰沙机电源，按三档搅拌，直到打成冰沙为止。

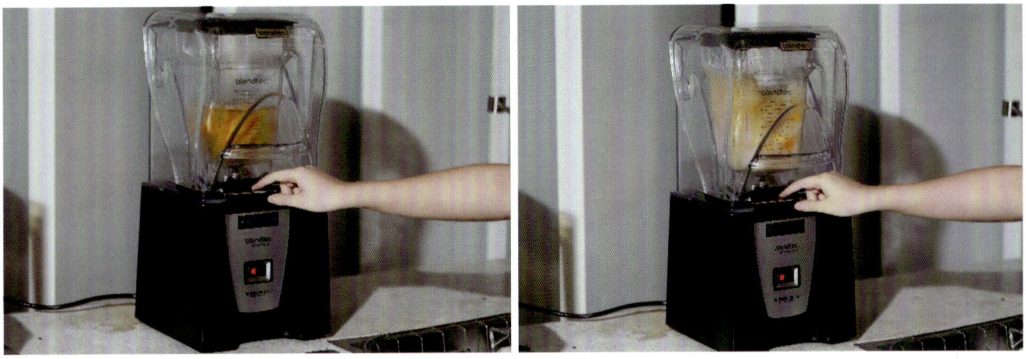

图5.2.18　**打冰沙**

6. **成品出品。**关闭冰沙机电源，取出打好的芒果冰沙，倒入出品杯中，即为成品。

图5.2.19　**出品**

5.3 蔬菜茶

图5.3.1 **蔬菜茶**

几千年的中国文明史中，饮与食一直是相提并论，紧密联系在一起的。蔬菜作为饮食文化中的重要物质，常常用作羹饮。茶最初并不是当作饮品，而是用来当作药剂或是熬煮的菜肴。蔬菜与茶互相搭配作为饮食却由来已久，并延续至今，如今还成为新式茶饮中一类颇受欢迎的消费品类——蔬菜茶。

大约成书于战国时期的《晏子春秋》中记录了春秋时齐国人晏婴把茶叶作为菜肴食用的事迹，说“婴相齐景公时，食脱粟之饭，炙三弋、五卵，茗菜而已。”就是将茶叶单独或者和其他蔬菜混合在一起煮成菜羹。此后，唐代陆羽在《茶经》中引述《广雅》记载：“……以汤浇覆之，用葱、姜、橘子芼之，其饮醒酒，令人不眠。”表明那个时期人们也会将茶与蔬菜类一起调制。唐代杨晔《膳夫经手录》称：“茶，古不闻之。近晋宋已降，吴人采其叶煮，是为茗粥。”也是同样的饮用方式，因此，皮日休说：“季疵以前，称茗饮者，必浑以烹之，与夫瀹蔬而啜者无异也。”说明唐代以前很长时间茶的饮用类似于蔬菜汤。

这种茶与蔬菜煮羹的方式通过各种形式留存下来，在不同的地域演化成不同风格的饮茶习俗，如南方很多地方习惯饮用的擂茶和打油茶，湖南、江西一带的芝麻豆子茶等等。这些饮茶习俗成为新式茶饮创新的基础。

蔬菜茶可作日常饮用的茶品，也可以作为食疗的补充。现在的新茶饮在调制时比之传统饮茶有更多的突破，饮品调制方面也有更多的新意，在蔬菜品种的选择上更丰富多样，在外观表现上更注重色彩搭配，在饮品内质上强调营养健康。

作品名称 青瓜乌龙茶

图5.3.2 青瓜乌龙茶

作品介绍

青瓜，又名黄瓜、胡瓜，据明代李时珍考证，青瓜1900多年前由张骞从西域引进。“起尝顿觉烦蒸去，熨齿甘香碧玉寒”，在古代人们心目中黄瓜是去暑珍品，有“黄瓜初见比人参，小小如簪值数金”之说。黄瓜颜色翠绿或油绿，被称为世界上热量最低的蔬菜，有助于美容护肤、清热解毒、利水利尿等。

青瓜乌龙茶充分利用青瓜的青脆，橙子的甘甜，柠檬的酸爽和冰块的冷冽组合成饮品滋味的清爽口感，辅以桂花乌龙茶的馥郁香气，青瓜、橙子果肉的咀嚼感，再加上带状青瓜片的动感飘逸，形成饮品最终在色、香、味、形上的立体品质。

原料配料：桂花乌龙茶（茶包），青瓜，橙子，黄柠檬，稀糖水，冰块。

主要用具：萃茶机、雪克杯、水果刀和砧板、吧台果汁壶、捣棒、出品杯、吧勺、冰夹等。

调制参数：桂花乌龙茶茶包5克，青瓜50克，橙子40克，冰块180克，稀糖水50毫升，黄柠檬3片。

图5.3.3 **主要原料**

调制步骤

1. **原料准备**。选择新鲜的青瓜、甜橙和黄柠檬清洗干净，将青瓜、黄柠檬切成薄片待用。甜橙去皮，果肉备用。同时切一片带状青瓜片置于出品杯。
2. **萃取茶汤**。取桂花乌龙茶包放入萃茶机，注入200毫升开水，按四档萃茶。萃取好的茶汤加冰搅拌，冷却后倒入量杯备用。

图5.3.4 **桂花乌龙茶**

3. **原料添加。**取700毫升容量的雪克杯，向其中分别加入切成薄片的青瓜和橙子果肉，用捣棒将青瓜和橙子捣碎。

图5.3.5 **原料添加**

4. **调味。**向雪克杯中加入3片黄柠檬，添加稀糖水，再用柠檬锤轻捣6下。

图5.3.6 **调味**

5. **原料混匀。**将冰块加入雪克杯中，摇震，使雪克杯中各种原料迅速混合均匀。

图5.3.7　**摇茶**

6. **茶汤出品。**将雪克好的原配料倒入出品杯，再注入萃取好的桂花乌龙茶茶汤，用吧勺将茶汤搅拌均匀，装饰整理好青瓜片，即可出品。

图5.3.8　**注入茶汤**

作品名称 金丝奶茶

图5.3.9 金丝奶茶

作品介绍

南瓜的生命力极强，对生长环境要求不高，耐贫瘠耐干旱、产量高营养丰，因此成为我国广泛栽培的蔬菜之一。由于南瓜外形美观，色泽金黄，味道鲜美，且取材方便，价格便宜，还有助于消炎止痛、降糖止渴、补中益气和利尿通便、保护胃黏膜等，其也成为新式茶饮中常用原料。

金丝奶茶以南瓜为主料，在南瓜清香的基础上，用茉莉花茶茶汤和鲜牛奶搭配，使饮品清香、花香、奶香融合，清甜和醇厚滋味交织。在外观上，表面的南瓜金黄明亮，杯中乳白色的饮品里，果肉的丝丝金黄隐隐约约，颇为迷人。

原料配料： 茉莉花茶，南瓜，鲜牛奶，糖浆，冰块。

主要用具： 煮水器、泡茶壶、冰沙机、量杯、刀和砧板、勺子等。

调制参数： 茉莉花茶3克，南瓜200克，鲜牛奶100毫升，糖浆适量，冰块适量。

图5.3.10　**主要原料与用具**

调制步骤

1. **茶汤制备。** 称取茉莉花茶3克投入泡茶壶中，按照茶水比1：40倒入90℃左右开水冲泡5分钟，待茶汁充分浸泡出来后滤出茶汤，取120毫升待用。
2. **南瓜处理。** 准备好甜度较高的南瓜，洗净，切成块状，剥去内部瓜瓤，放进蒸锅用大火蒸20～30分钟。待南瓜蒸熟后，根据出品杯大小取南瓜去皮，将果肉放入冰沙机打成南瓜泥。用勺子把适量南瓜泥涂抹在出品杯的杯壁上。

图5.3.11　**涂抹南瓜泥**

3. **注入茶汤。**将准备好的茉莉花茶茶汤倒入装了南瓜泥的出品杯中。

图5.3.12　**注入茶汤**

4. **加入配料。**根据个人的喜好向杯中添加适量糖浆和冰块，然后把茶汤和糖浆、冰块轻轻搅拌均匀。

图5.3.13　**加冰**

5. **加奶。**向装有南瓜泥和茶汤、冰块的出品杯中注入鲜牛奶，直到与杯口略微平齐，即可出品。

图5.3.14 **加奶出品**

作品名称 香芋奶茶

图5.3.15 香芋奶茶

作品介绍

香芋在中国有悠久的栽培历史，唐代就有专门记载。到宋代香芋成为最珍贵的蔬菜，受到人们青睐。“烹栗煨芋魁，味美敌熊蹯”，陆游对香芋情有独钟，说芋头比熊掌还要美味。美食家苏东坡也赞美它“香似龙涎仍酽白，味如牛乳更全清”。香芋不仅营养丰富，含有大量蛋白质、淀粉、粗纤维等，还有助于解毒补脾、散积理气、清热镇咳等，而且色、香、味俱佳。

早在宋代，秦观就把茶和芋结合在一起享用，称“汲新试团月，饭素羹魁芋”。香芋奶茶以此为设计基础，用红茶的醇厚与甜香，搭配香芋的糯软与黏滑，再辅以奶油的绵密，形成一种妙不可言的爽口风味。

原料配料：小种红茶，香芋，鲜牛奶，喷射淡奶油，糖浆，冰块。

主要用具：随手泡、泡茶用具、雪克杯、电磁炉、不锈钢锅、柠檬锤、漏勺、冰夹等。

调制参数：茶叶3克，香芋200克，鲜牛奶100毫升，冰块、糖浆适量。

图5.3.16 **主要原料**

调制步骤

1. **香芋处理。**准备好香芋，洗净去皮，再将芋头切成小块，放入不锈钢不粘锅中，加水没过芋头，用电磁炉煮20～30分钟。将煮熟的香芋捞出，用柠檬锤捣成芋泥，涂抹到出品杯中待用。
2. **茶汤准备。**称取3克茶叶投入盖碗中，按照茶水比1：40的比例用沸水冲泡4分钟，获茶汤120毫升。滤出茶汤备用。

图5.3.17 **茶汤制备**

3. **饮品调制。**往350毫升容量的雪克杯中倒入准备好的鲜牛奶、糖浆，注入泡好的红茶茶汤，再加入适量冰块。

图5.3.18　**注入牛奶、茶汤**

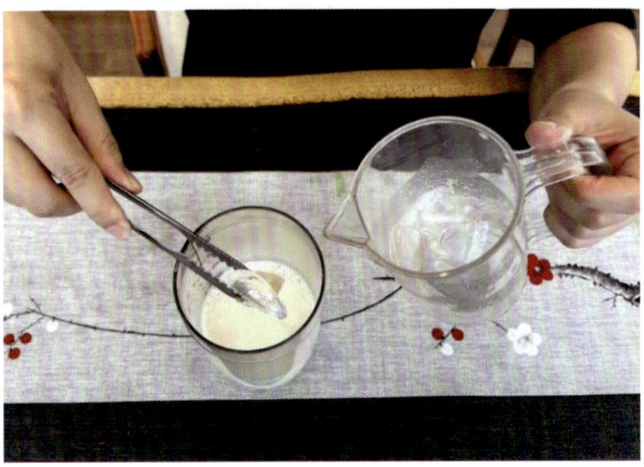

图5.3.19　**加入冰块**

4. **摇茶。**手握雪克杯急速晃动15次左右，使杯中的饮品原料充分混合均匀。

5. **出汤。**将摇好的奶茶茶汤倒入装有芋泥的出品杯中。

图5.3.20　**出汤**

6. **造型出品。**用喷射淡奶油在香芋奶茶表面覆盖一层奶泡，整理外观，一杯香芋奶茶就完成了。

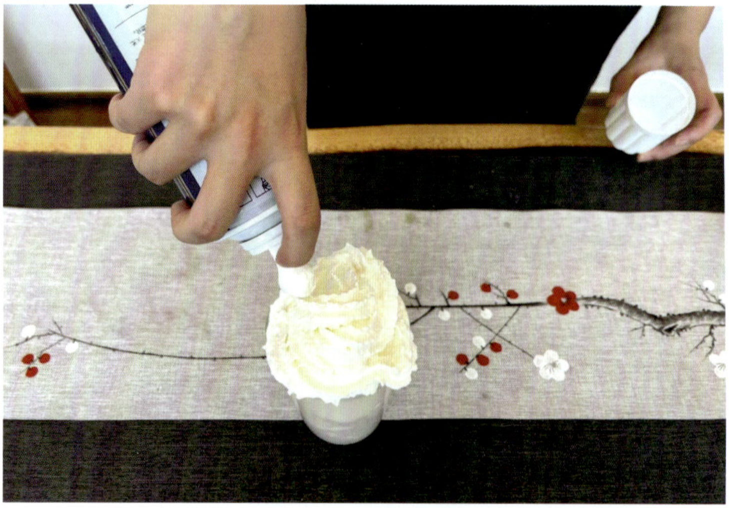

图5.3.21　**喷射淡奶油**

作品名称 亮黄

图5.3.22 亮黄

作品介绍

明代李时珍在《本草纲目》中有记载胡萝卜名称的来历，认为：“元时始自胡地来，气味微似萝卜，故名。”大多数人都知道胡萝卜是生活中常见的蔬菜，却不知道它还扮演着药品和装饰的角色。胡萝卜含有丰富的营养和保健功能成分，其中的胡萝卜素是维生素A的主要来源，同时因为其色彩艳丽，也经常被用来装饰配色。

清代乾隆皇帝说胡萝卜甜脆可口，“可蔬亦可果，宜脆复宜乾。”饮品亮黄以橘黄色的胡萝卜为主料，用西红柿增稠配色，加少量稀糖水调味，再用栀子花香乌龙茶汤提升香气和回味，一杯色彩明丽营养丰富的健康饮品就此诞生。

原料配料： 栀子花香乌龙茶，胡萝卜，西红柿，稀糖水，冰块。

图5.3.23　**主要原料**

主要用具： 煮水器、泡茶壶、冰沙机或萃茶机、水果刀和砧板、量杯、冰夹等。

调制参数： 栀子花香乌龙茶3克，胡萝卜60克，西红柿30克，稀糖水20毫升，冰块若干。

调制步骤

1. **原料准备：** 选择新鲜、无病虫害的胡萝卜和西红柿清洗干净后，分别切成薄片或小块备用。

图5.3.24　**原料准备**

2. **茶汤制备。**称取栀子花香乌龙茶投入泡茶壶中，按照茶水比1：30用沸水冲泡，8～10分钟待茶汁充分浸泡出来后滤出茶汤，加入60克冰块冷却茶汤备用。
3. **原料混配。**将洗净切好的西红柿小块和胡萝卜片用夹子分别投放到冰沙机的物料容器中，再注入准备好的茶汤，倒入少量糖水，按比例完成原料配料的调配。

图5.3.25　**原料混配**

4. **均汁调汤。**将配好原料配料的容器按操作规范安置到冰沙机上，调节功能键，使搅碎速度由慢变快，再将物料稳定搅打，制成颗粒均匀的蔬菜汁茶汤。最后把搅碎调匀的茶汤倒入出品杯中。

图5.3.26　**调汤**

5. **茶汤出品。**根据个人的喜好向杯中添加适量的冰块，然后轻轻搅拌一下。为增加饮品的美观和风味，可取青柠檬片夹在杯沿，这样饮品调制就完成了。

图5.3.27　**加冰出品**

5.4 奶盖茶

图5.4.1 **奶盖茶**

奶盖茶是以茶叶为原料，用水浸提取得的茶汤，配以糖浆或其他辅料，经过混合、摇茶、加奶盖等多个工序现场制成的，顶部覆着厚度超过1厘米的厚奶盖、保持茶叶和奶风味的现制现售液体饮料。

2011年，我国台湾奶茶品牌“贡茶”正式在大陆推出奶盖茶，他们将淡奶油和牛奶加少许盐，放入搅拌机搅拌后制成奶泡覆盖在茶汤上，形成一种咸与甜结合、甜腻与清淡平衡、品饮感受可多样化的饮品，人们称之为奶盖茶。奶盖茶一经推出便受到消费者的喜爱，成为调饮茶中颇受欢迎的类别。

奶盖茶中的奶盖是用乳及乳制品为原料，以食糖、食用盐、水果、植脂末等为辅料，经过混合、搅拌、打发等调制工序制成的细腻黏稠状泡状物。按照风味口感不同，奶盖可分为甜奶盖和咸奶盖。

在饮品调制上，与传统的奶茶将奶与茶汤充分混合不同，奶盖茶的调制方法类似于咖啡饮品中卡布奇诺（分层模型）的做法，奶与茶是分层的，是在调制好的茶汤混合物上覆盖一层打发好的奶泡。

在饮品饮用上，奶盖茶能给人以丰富的味觉体验。饮用奶盖茶，可以品尝上层奶盖，甜咸顺滑；可以用吸管饮用下层茶汤，清醇回甘；可以端杯直接饮用，让茶汤透过奶泡进入口腔，奶香中混合着茶香；可以干脆将奶泡与茶汤搅拌混合，品尝茶汤咸中带甜的别样滋味。

奶盖茶的调制一般包括茶汤制备、奶泡打发、原配料混合、摇茶、添加奶盖等过程。基底茶可选择绿茶、乌龙茶、红茶、花茶等，但要求基底茶的品质达到茶汤浓、强、鲜的品质规格。饮品调制时根据基底茶的茶类性质来确定冲泡方法，如绿茶、花茶和红茶可浸泡时间短一点，乌龙茶浸泡时间可长一些。一般泡茶水温以98℃左右为好，绿茶和花茶的浸提水温可适当降低，85 ~ 90℃水温即可。茶汤质量要能够满足人们通常的纯茶品饮要求。饮品调制时，还可按照少糖、无糖，冷饮、常温等需求，根据消费者口味不同确定加糖、加冰的量。

奶盖茶的调制可以丰富多样。除了在传统茶汤表面添加奶泡制作奶盖茶以外，还可以在冰沙或沐昔饮料上面添加奶盖，也可以在饮品调制时将抹茶、红心火龙果等融入奶盖中，制成五颜六色的奶盖茶。

作品名称 玉露奶盖茶

图5.4.2 **玉露奶盖茶**

作品介绍

斋茶是新式茶饮中比较受欢迎的一种追求纯粹茶汤口感的饮品，由纯茶汤加冰、加糖后再进行雪克调制而成。这种调制方式可使饮品原料与冰块在充分混合摩擦中，瞬时冷却，获得良好的冰爽口感。

玉露奶盖茶是一款典型的斋茶奶盖，就是在恩施玉露茶的基础上，添加一层厚厚的奶盖调制获得。恩施玉露茶是蒸青绿茶中的代表性产品，其汤色嫩绿明亮，香气清爽，滋味醇厚。制成奶盖茶后，鲜嫩的玉露茶有着淡淡的清香，加上绵密的奶盖，茶香奶味清新迷人，饮用时可体味到恩施玉露茶的醇厚回甘，也可品尝到茶的冰爽与奶盖的滑顺交织而成的咸甜绵柔。

原料配料： 恩施玉露茶，淡奶油，稀糖水，白砂糖，食用盐，冰块。

主要用具： 雪克杯、泡茶用具、打蛋器、出品杯、冰铲、量筒、吧勺、过滤网、计时器等。

调制参数： 恩施玉露茶6克，稀糖水35毫升，冰块150克，用700毫升出品杯。

调制步骤

1. **茶汤制备。** 取用恩施玉露原叶茶按照茶叶和水1：50左右的浸提比例，用90℃开水浸泡7分钟，中途用吧勺适当轻微搅拌2次。将泡好的茶用300目过滤网布过滤获取茶汤备用。为保证奶盖茶的调制品质，一般要求茶汤从制备完成到调制出品的时间控制在6个小时以内。

图5.4.3 **恩施玉露茶及茶汤**

2. **奶泡制备。** 将淡奶油、白砂糖、食用盐按照100：8：1的比例（可根据口味需要进行适当调整）混合装入容器中，用打蛋器打发，至淡奶油可挂在打蛋器上，提起打蛋器后淡奶油缓慢下落并且有纹路时即为适度。制好的奶泡备用。

图5.4.4 **打发好的奶泡**

3. **原辅料混合。**为便于调制、计量和出品，在门店制作时一般使用雪克杯进行原辅料的混合。在700毫升雪克杯中加入制备好的恩施玉露茶汤300毫升，再加入稀糖水35毫升，冰块150克，完成原辅料的混合。

图5.4.5 添加稀糖水和冰块

4. **摇茶。**原辅料按照比例混合装入雪克杯后，将雪克杯封杯封盖，采用手工或电动摇茶方式，急速摇动雪克杯，使杯中的茶汤与其他辅料混合充分、均匀。
5. **添加奶盖。**把摇好的茶汤倒入外售出品杯中，再将打发好的奶泡缓慢倒入茶汤表层，形成一层奶盖。奶盖的厚度一般为2～3厘米，也可以在调制时根据需要适当调整。
6. **包装出品。**斋茶奶盖饮品调制完成后，即可以贴上标签，标注商品信息，销售出品。

图5.4.6 摇茶

图5.4.7 添加奶盖

作品名称　红颜

图5.4.8　**红颜**

作品介绍

草莓被誉为“水果皇后”，营养丰富、外观可爱、色彩鲜红、味道香甜、寓意甜美。龙眼玉白、圆润、甜蜜，象征着幸福、团圆，《神农本草经》称其补益心脾、养血安神，是名贵的高级滋补品。浓香型金观音茶具有独特风味，内质香气馥郁悠长，滋味醇厚回甘，汤色金黄清澈。用浓香型金观音茶和草莓、龙眼调配，覆以洁白的奶盖，呈现出的饮品色彩红、白、玉润，滋味甜、醇、滑爽，还能表达出美好的意境与祝福，如同红颜般可爱迷人。

由于草莓和龙眼价格相对较高，且不耐贮存，日常生活中也用浓缩果酱代替鲜果来调制。用果酱调制的饮品与用鲜果调制的在风味上虽有一点区别，但水果味奶盖茶总体的香甜滑爽体验感却并无差异。

原料配料： 浓香型金观音茶，龙眼，草莓果酱，龙眼果酱，糖浆，冰块，喷射奶油。

主要用具： 泡茶用具、雪克杯、量杯、冰铲、吧勺、搅拌器、果粉勺、玻璃杯等。

调制参数： 浓香型金观音茶汤300毫升，草莓果酱30毫升，龙眼果酱30毫升，新鲜龙眼果肉20克，糖浆20克，冰块50克。

调制步骤

1. **果肉制备。** 根据饮品调制需要，选择适量新鲜饱满的龙眼，先用清水冲洗干净，除去果壳、果核。用搅拌器将处理后的果肉适当搅拌，使龙眼变成由细小颗粒组成的果肉浆。制备好的果肉备用。
2. **茶汤制备。** 取20克优质的浓香型金观音茶，用开水400毫升（按照茶水比1：20的比例）进行冲泡，加盖浸泡10分钟，中途轻轻搅拌2次。将泡好的茶汤用滤网过滤，在获得的茶汤中迅速加入200克冰块冷却。

图5.4.9　**茶汤准备**

3. **原辅料添加**。向500毫升雪克杯装入备好的茶汤，用量杯分别量取适量的糖浆、草莓果酱和龙眼果酱加入到雪克杯，最后用冰铲加入冰块。

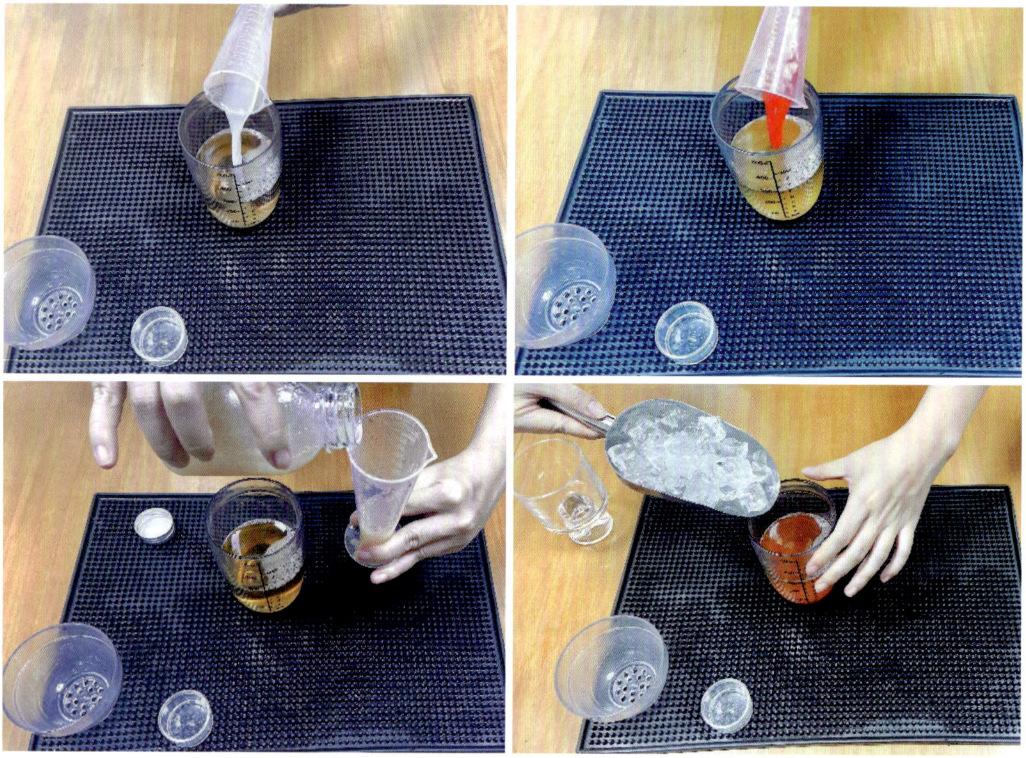

图5.4.10　**添加原辅料**

4. **茶汤混匀（摇茶）**。将加好原辅料的雪克杯加盖、密封，用力雪克，均匀摇振至物料充分混合。

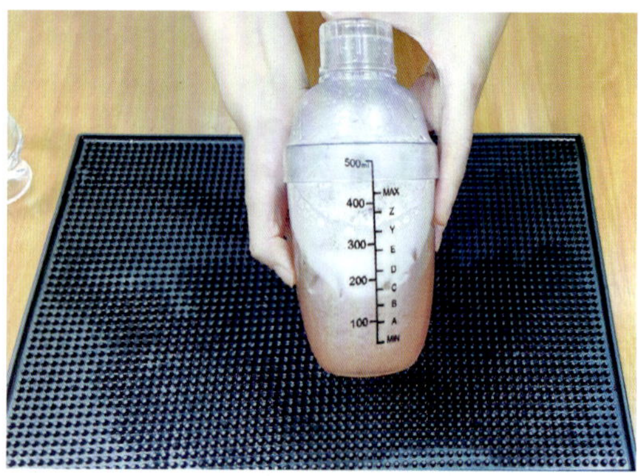

图5.4.11　**摇茶**

5. **饮品调制。**先用果粉勺量取制备好的新鲜龙眼果肉放入出品用玻璃杯中，再将混合均匀的茶汤倒入杯中。倾倒茶汤时，雪克杯中的泡沫和冰块不要倒入玻璃杯。

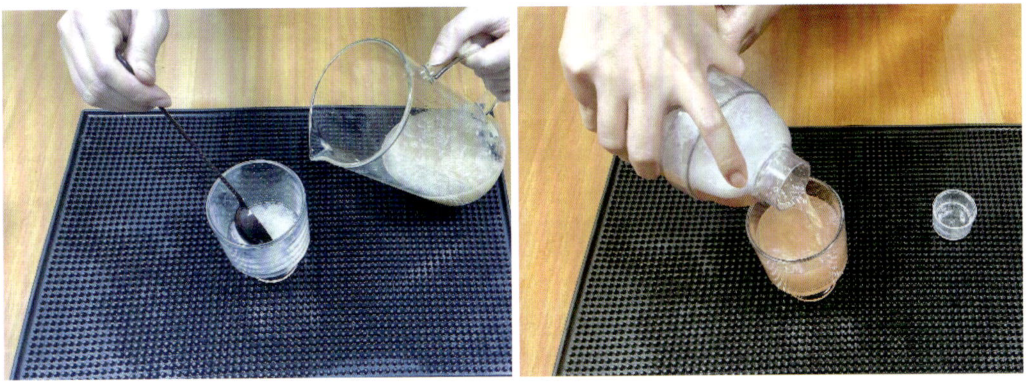

图5.4.12　**饮品调制**

6. **喷射奶油，点缀出品。**在调制好的茶汤表层用喷射奶油添加奶盖，适当调整饮品形态后即为成品。

图5.4.13　**添加奶盖**

作品名称　火龙果奶盖茶

图5.4.14　**火龙果奶盖茶**

作品介绍

火龙果是一种原产于中美洲的低热量南方水果，富含水溶性膳食纤维，对帮助人体减肥、降低胆固醇含量、预防便秘起到辅助作用，有很高的营养价值。同时，火龙果味道香甜，寓意吉祥健康，特别是红心火龙果，果肉鲜红，颜值较高，是颇受大众喜爱的水果。

冰沙是用冰沙机将冰块、水果或蔬菜等食材搅拌制成的饮料泥。目前人们将采用冰块和纯天然新鲜水果为原料，通过冰沙机高速强力搅拌制成的细度适宜、均匀度高的高级冰沙饮料称为沐昔（英文名：smoothie），更强调饮食的健康和品质概念。这类饮料色泽自然鲜美，口感细腻纯厚，味道甘甜凉爽。

火龙果奶盖茶就是利用果肉鲜红、味道香甜的红心火龙果制成味道口感甜爽细腻的沐昔饮料，其中佐以炼乳，增加奶香，丰富饮品滋味的层次感。再在沐昔饮料之上添加奶盖的绵密口感，从而调制成一杯色香味俱佳的新式茶饮。

原料配料：茉莉毛尖茶，红心火龙果，淡奶油，炼乳，冰块，食盐，糖浆。

主要用具：泡茶用具、搅拌器、手持电动打蛋器、盎司杯、量杯、过滤网、冰夹、计时器、刀具和砧板等。

调制参数：茉莉毛尖茶5克，食盐少许，红心火龙果果肉100克，糖浆15毫升，炼乳10毫升，冰块100克。

调制步骤

1. **原料准备**。饮品调制前，选择成熟新鲜的红心火龙果清洗干净、剥去外皮，将果肉切成四方小块，放入一体式多功能保鲜柜上的果品保鲜盒备用。用盎司杯分别量取适量的糖浆、炼乳，称取所需的茉莉毛尖茶。

图5.4.15　**原料与器具**

2. **茶汤制备**。将称好的5克茉莉毛尖茶投入量杯中，冲入150毫升开水浸泡茶叶，加盖冲泡7分钟，中途揭盖轻轻搅拌2次，促进茶汁充分浸出。泡好的茶汤经过滤网滤出茶渣，获得的茶汤加入50克冰块冷却备用。

图5.4.16　**茶汤制备**

3. **奶泡制备**。按照适当比例将淡奶油、糖浆、食盐混合装入容器中，用手持电动打蛋器打发至纹路清晰顺滑适度。制备好的奶泡待用。

图5.4.17　**奶泡制备**

4. **原辅料添加**。按照饮品调制原辅料配比要求，将原辅料混合在一起。在冰沙搅拌器中加入切好的小块红心火龙果，再加入事先准备好的冰块、糖浆、炼乳等调味料，最后注入冲泡好的茉莉毛尖茶茶汤。

图5.4.18　**原辅料添加**

5. **冰沙制作。**将添加好原辅料的搅拌器接通电源，调至冰沙制作档位，利用搅拌器的高速强力搅拌，把火龙果果肉、冰块打碎搅拌，并与茶汤、糖浆、炼乳等充分混合均匀。

图5.4.19 **冰沙制作**

6. **调制出品。**将制作好的火龙果沐昔倒入出品杯中，再在沐昔表面添加一层事先打发好的奶泡，即可出品饮用。

图5.4.20 **调制出品**

5.5 茶、咖啡、可可混合茶

茶、咖啡、可可被称为世界上三大传统饮料，分别起源于古老的亚洲、非洲和美洲。经过几千年的传播，它们在世界各地散发着特殊的芳香。在当今中国的新式茶饮中，它们互相融合、交织，成为更为迷人的新品类。在本书中，我们把茶与咖啡、可可等混合调制而成的新式饮品通称为茶咖（可）。

图5.5.1 **茶咖**

茶、咖啡和可可都含有生物碱、黄酮类化合物等诸多成分，具有良好的保健功能，因此茶、咖啡和可可成为全世界消费最广泛的传统无酒精饮料，并由此而形成了各具魅力的茶文化、咖啡文化和可可文化。茶咖饮料的出现，可以算是东方闲适雅致、平和内敛的茶文化与西方快捷随意、热情奔放的咖啡文化的一种深度融合，这种品饮文化的融合正在影响中国年轻人对茶与咖啡的消费方式。

世界上有的地方习惯将茶和咖啡混合在一起饮用，埃塞俄比亚是咖啡的发源地，那里就流行把浓缩咖啡倒入茶汤里，再加糖调制，将茶和咖啡混合在一起饮用。东南亚的马来西亚、新加坡等国家，也经常能在咖啡店里找到用红茶、浓缩咖啡和糖或炼乳调制而成的类似饮料。

当前在我国逐渐兴起的新式茶饮中的茶咖饮料还是脱胎于香港的鸳鸯奶茶。传统的港式鸳鸯奶茶是一种以红茶、咖啡为基底的大众化、平民化奶茶。袋泡茶、速溶咖啡为主料，加上砂糖和淡奶调制，一杯饮料，七成奶茶，三分咖啡，港式丝袜奶茶的浓滑兼容了咖啡的苦酸，形成鸳鸯奶茶这种香港街头饮食文化的特色饮品。随着咖啡文化在中国市场的广泛推广和新式茶饮的蓬勃兴起，港式鸳鸯奶茶也得到升级升华，改造创新成为现在流行的茶咖饮料。

和传统鸳鸯奶茶相比，茶咖饮料更注重原料的品质和风味的特色。茶基底不再是单一的袋泡红碎茶，而是选用质量较好的原叶茶，有红茶、绿茶、乌龙茶和再加工的花茶类，品类丰富、风格多样。茶咖饮料的咖啡原料也有了更多选择，除速溶咖啡以外，有的饮品还会选择著名产地的优质咖啡豆或特色风味咖啡为基底。原料之外，新式茶饮的茶咖在萃取工艺、调制流程和调制手段也有许多的创新，这也是茶咖推出后，其颜值、口感、风味颇受消费者欢迎的原因。

同样，茶与可可也有诸多的共同特点，如都含有可可碱，有益身体和精神健康，还能赶走疲劳，提神醒脑等。和前面谈到的茶与咖啡的融合发展一样，用可可粉或者巧克力浆调制出的茶可饮料也有较多形式的饮品不断在市场上推出，并受到消费者的青睐。

作品名称　金山覆雪

图5.5.2　**金山覆雪**

作品介绍

据可查的记录，可可在美洲最古老的奥尔梅克文明时期就开始被人类饮用，伟大的瑞典植物学家给可可取了一个寓意深刻的名字“*Theobroma cacao*”，“*Theobroma*”在希腊语中的意思是“神的食物”。可可饮料走进我们中国人的生活花了几千年，并且很多都是以巧克力饮料的形式出现。现在，在新式茶饮中也出现了许多以可可为原料的饮品。

金山覆雪就是以奶茶中最常用的红茶为基底，鲜牛奶和可可酱为主料调制成茶汤，再覆盖厚厚的奶泡为顶面，作品整体特色鲜明。外观看来色彩鲜艳，颇有颜值，饮品底部深棕色的可可泥涂抹层似群山起伏，内涵深厚、稳重含蓄，中部茶汤隐隐杏黄，优雅朴素，顶部白雪覆盖，飘逸灵动。奶泡的甜爽、可可的苦涩、茶汤的醇厚以及各种滋味互相混合交织而来的种种变化，给人的感官无限冲击，形成一种极具神秘魅力和风情的诱惑力。

原料配料：红茶，鲜牛奶，白砂糖，可可酱，可可粉，喷射奶油。

主要用具：泡茶用具（煮水器＋盖碗＋公道杯组合）、过滤网、雪克杯、量杯、吧勺、出品杯等。

调制参数：红茶5克，鲜牛奶60毫升，稀糖水20毫升，可可酱、可可粉、喷射奶油适量。

调制步骤

1. **材料准备**。将白砂糖熬制成稀糖水，再按照饮品调制要求，分别量取所需鲜牛奶、稀糖水备用。称取红茶用于冲泡。

图5.5.3 **材料准备**

2. **可可粉调制**。取可可粉投入调制杯中，冲入适量热水不断搅拌，将粉状可可调制成可可泥，再用吧勺将可可泥涂抹在出品杯的杯壁上。
3. **茶汤准备**。将称好的红茶投入盖碗中，按照茶水比1：30或1：35的浸提比例冲入开水后加盖，浸泡6分钟后将茶汤沥出到公道杯中，取160毫升茶汤备用。

图5.5.4 **茶汤准备**

4. **原料混配。**在雪克杯中加入备好的鲜牛奶，再分别加入准备好的红茶茶汤、稀糖水。可以根据口味需要对稀糖水的用量进行调整。

图5.5.5 **加奶**

图5.5.6 **加糖**

图5.5.7 **加入茶汤**

5. **摇茶。**将加有鲜牛奶、茶汤和稀糖水的雪克杯套上过滤网，盖上杯盖，摇动5～6下，使杯中原料充分混合。
6. **出汤、加奶泡。**将摇制好的茶汤倒入涂抹有可可泥的出品杯中，再用喷射奶油在茶汤表面加上奶泡。

图5.5.8 **摇茶**

图5.5.9 **出汤**

图5.5.10 **加奶泡**

7. **调味、出品。**最后在奶泡上浇淋可可酱调味，即可出品。也可以在奶泡上直接撒适量可可粉用以装饰。

图5.5.11 **可可调味**

作品名称 茶咖

图5.5.12 茶咖

作品介绍

日常生活中，大多数人都是单独饮茶或者咖啡，人们常常在静坐中慢品茶汤的清香或是咖啡的苦涩，将此作为体验生活滋味的一种享受。而生活在如今这样一个五彩缤纷的世界里，现代的年轻人对生活有更多的追求，喜爱更丰富的滋味。茶咖就是为满足人们的这些需要在2020年前后开始推行的调饮茶品类。

茶咖最初在咖啡馆里流行，是咖啡奶茶化的一种倾向，其主要特点是在现制茶饮调配中融入了咖啡、奶等元素，因此大多数茶咖饮品都能充分体现出茶的芳香、咖啡的醇厚和奶的顺滑。该作品就是以最常用的清香型乌龙茶、鲜牛奶和浓缩咖啡为主料，简单加糖来调制。乌龙茶的香与醇，浓缩咖啡的苦与酸，在糖水的甜蜜和冰块的凉爽调和下，整个饮品的内质品味更富层次、更有魅力。

原料配料：清香型乌龙茶，浓缩咖啡液，鲜牛奶，糖浆，冰块。

主要用具：泡茶用具（煮水器＋盖碗＋公道杯组合）、雪克杯、量杯、盎司杯、冰桶、冰夹、吧勺、出品杯等。

调制参数：乌龙茶6克，浓缩咖啡液30毫升，鲜牛奶80毫升，糖浆20毫升，冰块80克。

调制步骤

1. **原料准备**。按照饮品调制要求，分别用量杯量好所需鲜牛奶、糖浆，称取乌龙茶用于冲泡。

图5.5.13　**原料准备**

2. **茶汤浸提**。将称好的茶叶投入盖碗中，按照茶水比1：30的浸提比例，用沸水浸泡7分钟后把茶汤沥出到公道杯中，取100毫升茶汤备用。

图5.5.14　**准备茶汤**

3. **原料混配。**先在雪克杯中加入乌龙茶茶汤，再分别加入准备好的鲜牛奶、糖浆，最后加入冰块至300毫升刻度线。

图5.5.15　**加奶**

图5.5.16　**加糖浆**

图5.5.17　**加冰块**

4. **摇茶**。将加好原辅料的雪克杯封杯封盖后，急速地摇动雪克杯，使茶汤与其他原料充分混合均匀。同时通过这种方式使饮品原料与冰块在混合摩擦中瞬时冷却，锁住茶香，以获得冰爽的良好口感。

图5.5.18 **摇茶**

5. **装杯出品**。将雪克杯中摇匀的茶汤倒入出品杯中，在茶汤上面加上3～5粒冰块，最后在冰块上浇淋准备好的浓缩咖啡液，这样，一杯美味的茶咖就调制完成了。

图5.5.19 **加冰**

图5.5.20 **浇咖啡**

作品名称　巧克力红茶拿铁

图5.5.21　巧克力红茶拿铁

作品介绍

红茶拿铁是新式茶饮中较早推出的经典款式，颇受消费者青睐。

“拿铁”一词引自意大利文“Latte”，牛奶的意思。意式拿铁咖啡由大量的牛奶与浓缩咖啡一起调制而成，美式拿铁咖啡则将其中部分牛奶换成奶泡调制。流行于我国的红茶拿铁就是将咖啡更换为红茶茶汤，参照美式拿铁咖啡的调制方式制作而成的新式茶饮。

巧克力红茶拿铁以中国传统风味碎红茶为基底，与牛奶和发泡奶油按比例混合调配，再浇淋浓浓的黑巧克力酱调制而成。内含物质丰富的优质红茶茶汤在牛奶中表现出醇厚的口感，细腻柔和的奶泡锁住茶汤浓郁的蜜香，而表层的黑巧克力酱再为饮品添加一丝巧克力特有的浓郁香气、微苦口味和褐亮光泽。

巧克力红茶拿铁味道醇厚、微苦轻甜、香气浓郁，奶油与红茶的搭配中和了奶油的腻感，而黑巧克力酱则增加一份刺激，使其成为一种香甜芬芳、口感丰富的健康饮品。

原料配料：碎红茶，牛奶，淡奶油，发泡奶油，黑巧克力酱，稀糖水，冰块。

主要用具：萃茶机、雪克杯、量杯、过滤布、冰夹、出品杯、喷射奶油枪等。

调制参数：红茶茶汤300毫升，牛奶80毫升，淡奶油20毫升，稀糖水40毫升，冰块150克，黑巧克力酱10克，发泡奶油30克。

调制步骤

1. **原料准备。**分别用量杯量好牛奶、淡奶油、黑巧克力酱和稀糖水等原配料备用。称取按调制需要事先拼配好的碎红茶。

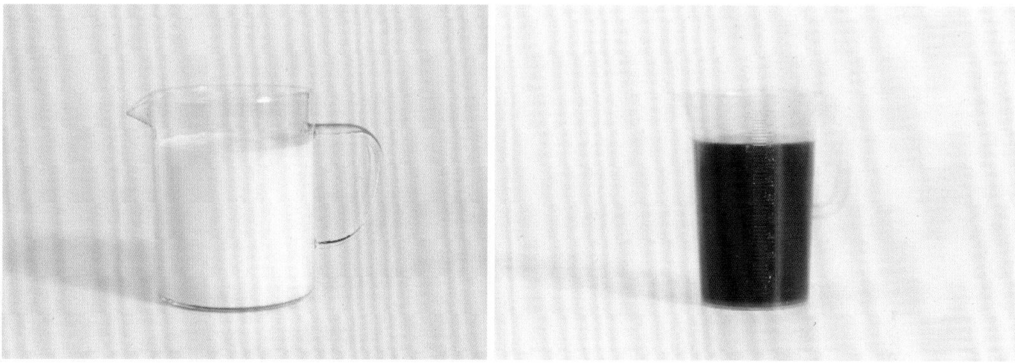

图5.5.22　**牛奶和黑巧克力酱**

2. **茶汤浸提。**在萃茶机中用沸水将备用的茶叶按照茶和水1：30的浸提比例浸泡8分钟，冲泡过程中轻微搅拌2次。泡好后的茶用300目的过滤布过滤，获取需要的茶汤。

图5.5.23　**红茶和茶汤**

3. **原辅料融合。**在雪克杯中加入过滤好的红茶茶汤，再依次加入事先准备好的牛奶、淡奶油和稀糖水，最后加入冰块。

图5.5.24　**原辅料融合**

4. **摇茶。**将各种原辅料按照比例在雪克杯中混合后，封杯封盖，急速地摇动雪克杯，使茶汤与其他辅料充分混合均匀。

图5.5.25　**摇茶**

5. **添加奶泡。**将雪克杯中摇匀的茶汤倒入出品杯中，在混合茶汤上面用喷射奶油枪加上30克发泡奶油。操作时可根据个人喜好拉出不同的形状。

图5.5.26 **添加奶泡**

6. **浇淋黑巧克力酱。**在添加好奶泡的饮品上面，浇淋浓稠的黑巧克力酱，即完成饮品制作。

图5.5.27 **浇淋黑巧克力酱**

5.6 鸡尾酒茶

图5.6.1 **鸡尾酒茶**

鸡尾酒茶是新式茶饮中以茶汤为主要原料，搭配酒、饮料、果汁、其他茶汤、冰块或者植物的叶、花、茎、果等调制而成的一类混合茶饮的统称。由于其调制方法和鸡尾酒相似，均是由两种或两种以上的液体原料进行调制，同时，饮品配料各异、种类丰富、风味繁多、色彩艳丽，因此在命名时借用鸡尾酒的“鸡尾（cocktail）”二字，以示独特。相对而言，鸡尾酒茶在新式茶饮中算是后起之秀，尽管其品质风味特色分明，但现在仍处于初级阶段，还未被广大消费者所熟知。

鸡尾酒起源于美国，是一种采用龙舌兰、朗姆酒、琴酒、伏特加、威士忌等烈酒为基酒，配以果汁、牛奶、咖啡、冰块等各种配料辅料，经过摇晃或搅拌调制而成的一种含酒精饮料。从一种民间酒吧饮料发展成为一种国际性的高品位社交饮品，鸡尾酒走过200多年的历史，已成为国外很多地方人们生活中常见的饮料，现在它对我国的新式茶饮的调制也产生了影响。这种中西文化碰撞融合的鸡尾酒茶，把中国传统茶饮与浪漫多变的鸡尾酒相结合，给新式茶饮注入更多活力。

鸡尾酒茶以冰饮为主，调制时取材丰富，饮品可以有更多的设计和创意。基底茶可以是一种或者几种，可以是同一类茶也可以是不同茶类组合，可以是茶汤与花草茶搭配，也可以加入果汁、咖啡、牛奶、蜂蜜等用料。调好的饮品常用独特造型的透明器具盛装，使不同液体配料层次分明，最后用柠檬片或薄荷叶进行点缀装饰。和其他品类的新式茶饮相比，鸡尾酒茶既有茶的醇厚鲜爽，又有酒的刺激优美，还有亮丽、优雅、匀称的色调，堪称色、香、味俱全。因此鸡尾酒茶鲜艳的色彩、浓烈的香气和丰富的味觉体验，能给人更多营养功能和感官体验以外的精神享受。

鸡尾酒茶的调制，不是诸多原配料的简单添加，而是基底茶原料和配料的合理选择与科学搭配，如同中药的“七情配伍”。饮品制作时要考虑到各种材料之间在风味特征、营养功能、色彩性质之间能够协调一致，制作的成品能使消费者得到完美的价值体验。

图5.6.2　茶与酒

作品名称 金酒伯爵茶

图5.6.3 **金酒伯爵茶**

作品介绍

伯爵茶是一类调味茶的通称，一般以红茶为基底茶，用柑橘类水果外皮中提取的芳香油加以调配制作而成，具有浓郁的香气和独特的风味。伯爵茶在欧洲国家已有近200年的饮用历史，在品饮时添加牛奶会使饮品口感更为香美，因此一直是“英式下午茶”常用的饮品。

金酒也称琴酒，或杜松子酒，是鸡尾酒调制中应用最广泛的基酒，被称为鸡尾酒的心脏。金酒在酿造时常用如杏仁、柠檬、甘草、桂皮、杜松子等天然植物的提取物调香调味，因此其口感轻柔顺滑，花香馥郁，略带柠檬与甘草的味道。

金酒伯爵茶的调制是以伯爵红茶为基底，金酒为主料，再用糖水和黄柠檬调味、加香，通过大量冰块冰镇，最后添加薄荷叶点缀。饮品的设计是通过伯爵红茶的佛手柑香、金酒的柠檬香，加上黄柠檬和糖水的酸甜香，形成浓郁而鲜明的柑橘风味。品饮时整杯饮品口味活泼清爽、层次丰富，以伯爵红茶和糖水的甜爽优雅入口，以金酒的辛辣刺激收尾，最后再慢慢体会遍布口腔的明显回甘，那是一种别样的享受。

原料配料：伯爵红茶，金酒，白桃糖浆，黄柠檬，糖水，薄荷叶，冰块。

主要用具：泡茶用具、榨汁机、过滤网、量杯、雪克杯、冰夹等。

调制参数：伯爵茶汤120毫升，金酒30毫升，白桃糖浆5毫升，黄柠汁10毫升，糖水30毫升，冰块100克。

调制步骤

1. **材料准备。**按照饮品调制需要，分别用量杯量取所需的金酒、白桃糖浆、糖水备用。取黄柠檬用榨汁机榨汁，获得所需黄柠汁。称取5克伯爵红茶用于冲泡茶汤。

图5.6.4　**黄柠汁**

图5.6.5　**稀糖水**

2. **茶汤冲泡。**将称好的伯爵红茶投入盖碗中，按照茶水比1：30～1：35的浸泡比例冲入开水后加盖，浸泡6分钟后将茶汤沥出到公道杯中备用。

图5.6.6　**伯爵红茶及茶汤**

3. **原料混配**。在500毫升雪克杯中加入备好的金酒、糖水、黄柠汁，再加入冲泡好的伯爵红茶茶汤，及时添加适量冰块。

4. **摇茶**。原料、配料添加以后，把雪克杯套上过滤网，盖上杯盖，摇动5～6下，使杯中原料、配料充分混合，迅速降温。

图5.6.7　**原料、配料混合**

5. **出汤装杯**。将摇制好的茶汤倒入出品杯，再把准备好的白桃糖浆加入杯中调味。

图5.6.8　**调味**

6. **点缀出品。**最后在茶杯边缘用薄荷叶或者柠檬片进行装饰点缀即可出品。

图5.6.9 **成品**

作品名称 青绿

图5.6.10 **青绿**

作品介绍

《只此青绿》是2021年由故宫博物院等单位共同出品的舞蹈诗剧，剧作复活了北宋画家王希孟的名画《千里江山图》，赋予了传统文化无限的生命力和想象力。作品一经推出就受到大众的高度评价。本饮品就是借助《只此青绿》的创作灵感，通过一杯青绿的醇厚韵味来表达人们对祖国山河绿水青山的情感。

饮品配料中威士忌和利口酒都是鸡尾酒常用的基酒，在新式茶饮中也经常用到。威士忌酒色泽清澈透明，棕黄带红，带焦香，滋味醇厚、绵柔、圆润。薄荷味利口酒色泽翠绿，颜色娇美，酒体浓稠，具有芬芳的香气和甜蜜的味道。

饮品调制时，采用柚子花香乌龙茶为茶基底，通过浓厚、清爽的柚子花香为饮品的香气定调，乌龙茶的醇厚滋味确定饮品的回味。这样，饮品既有乌龙茶的醇厚、威士忌的刺激、利口酒的甜美、薄荷和冰镇的清爽，又有天然植物的芳香和鲜艳的色彩，表现风味之美，也体现江山之美。

原料配料：柚子花香乌龙茶，苏格兰威士忌，薄荷味利口酒，青柠檬，糖浆，冰块。

主要用具：泡茶用具、雪克杯、量杯、盎司杯、过滤网、冰夹、天平、榨汁机、吧勺等。

调制参数：柚子花香乌龙茶茶汤80毫升，苏格兰威士忌20毫升，薄荷味利口酒10毫升，糖浆10毫升，青柠汁、冰块适量。

调制步骤

1. **材料准备。**按照饮品调制需要，分别用量杯量取所需威士忌、利口酒和糖浆备用。取青柠檬用榨汁机榨汁，获得所需青柠汁。称取6克柚子花香乌龙茶用于冲泡茶汤。

图5.6.11 **材料准备**

2. **茶汤制备。**将称好的柚子花香乌龙茶投入量杯中，按照茶水比1：20～1：25的浸泡比例冲入开水后加盖。浸泡7分钟后，用过滤网将茶汤沥到装有冰块的量杯中备用，浸泡中途轻微搅拌两次。

图5.6.12 **茶汤制备**

3. **基酒调制。**在高脚杯中分别倒入准备好的威士忌和利口酒。

图5.6.13　**基酒调制**

4. **原料混配。**在500毫升雪克杯中加入冷却后的柚子花香乌龙茶茶汤、糖浆、青柠檬汁，再加入适量冰块。

图5.6.14　**原料混配**

5. **摇茶。**原料、配料添加以后，把雪克杯套上过滤网，盖上杯盖，摇动3～5下，使杯中原料充分混合。

图5.6.15　**摇茶**

6. **出汤装杯。**将摇制好的茶汤倒入装有威士忌和利口酒的高脚杯中，即可出品。也可在茶杯边缘用植物叶片或者水果进行装饰点缀。

图5.6.16 **调汤**

5.7 气泡茶

气泡茶从历史悠久的气泡水延伸而来。气泡水发源于美洲，已有250多年的饮用历史，在欧美国家特别畅销，有近40%的欧洲消费者偏好饮用气泡水。中国人喜好热饮，气泡水的消费在饮料市场所占比例并不大。但随着健康意识的增强及网络营销的普及，近几年我国气泡水消费市场迅速扩大，成为饮料品类中的新宠。

最早的气泡水是指水中含有天然二氧化碳气体的矿泉水，称为天然气泡水。后来人们利用气泡水机将食用级的二氧化碳气体加压，然后把气体灌进水里，形成有气泡的碳酸水，这就是市面上通称的气泡水，也称人工气泡水。在我国市场上流行的饮料中，被称为气泡水的除了这种人工气泡水外，还有苏打水、二氧化碳和碳酸氢钠的组合水，以及二氧化碳或者碳酸氢钠加上不同调味品的风味饮料，这些有气泡的饮料都被称为气泡水。

气泡茶就是以茶汤为基底，在茶汤中融入可食用的二氧化碳（或碳酸氢钠）、氮气等气体，再和其他配料调配而成的新式茶饮。气泡茶在茶饮中增加气泡元素，赋予了饮品轻盈的动感，可以使饮品更爽脆，丰富了传统茶饮的口感，符合现代人追求天然健康和新鲜刺激的生活方式，一经推出就受到市场的普遍欢迎，并催生出各种不同风味的气泡茶饮料。目前市面上的气泡茶有茶汤＋气泡、茶汤＋气泡＋水果、茶汤＋气泡＋水果＋药食植物等“茶汤＋气泡＋N”诸多形式的饮品。基底茶用红茶、白茶、乌龙茶、花茶、绿茶、普洱茶等各大茶类的均有，品牌不同，风格不一。

气泡茶主要是冷饮，其最大的特点是有细腻的气泡、刺激的口感、清爽的风格，特别是气泡的鲜爽能更加突出茶味的清新，柔和又刺激，新鲜且提神。气泡茶还有消耗热量、消除疲劳的健康属性，加上饮品调制时，可以添加各种水果、蔬菜、药用植物等不同口味的配料，形成营养好、颜值高的特色饮料，因此，气泡茶算是新式茶饮中更有创意的饮品。

图5.7.1 **气泡茶**

作品名称 蜂蜜氮气茶

图5.7.2 蜂蜜氮气茶

作品介绍

氮气被应用到饮品当中，是从20世纪五十年代开始的。人们最早是用氮气代替二氧化碳加工生产充氮啤酒，后来逐渐广泛地应用于精酿啤酒、咖啡和茶等饮料行业。在我国，氮气茶的推出历史并不长，它是在最近几年新式茶饮蓬勃发展和气泡饮料成为潮流的环境下才开始流行起来的。

氮气化学性质稳定，无色无味，在高压下可溶于水，释放压力后能产生泡沫质地的细小气泡。与二氧化碳在水中产生的气泡不同，氮气产生的泡沫表面光滑柔和、绵密顺滑，更类似于奶泡的质地，使饮品表面形成一层厚厚的氮气"奶盖"，而且在饮品中形成的泡沫会随着时间流逝逐渐消退，富有动感。因为氮气饮料能给人在口感、质地以及视觉等方面不一样的感受，氮气茶也成为新式茶饮中颇具特色的饮品。

蜂蜜氮气茶选用闽北乌龙茶作为茶基底，茶汤在高压、低温的环境下注入氮气后，饮品会产生细腻的气泡，让蜂蜜乌龙茶看起来有像啤酒的感觉。品尝时前段是氮气绵密丝滑的口感，中段是蜂蜜的甘甜，后段回味中有闽北乌龙茶的韵味。

蜂蜜氮气茶中的气泡会慢慢消退，其最佳欣赏品味时间比较短，调制后要及时品饮。

原料配料：闽北乌龙茶，蜂蜜糖浆，稀糖水，冰块，氮气。

主要用具：氮气咖啡机及气弹、泡茶用具、量杯、量筒、冰夹、过滤布（网）、出品杯等。

调制参数：蜂蜜糖浆20毫升，闽北乌龙茶茶汤和稀糖水（根据氮气咖啡机的容量确定茶汤和稀糖水用量），气弹2颗。

调制步骤

1. **茶汤制备。**按茶水比1：30～1：40的比例取用原叶闽北乌龙茶投入泡茶壶中，用沸水浸泡9分钟，中途适当轻微搅拌使茶叶内含物充分浸出。用过滤布（网）将泡好的茶汤过滤，获得备用茶汤。

图5.7.3　**茶汤制备**

2. **茶汤处理。**泡好的茶汤迅速加入冰块冷却，并按照茶汤与稀糖水10：1的比例混合加入稀糖水，摇匀后放入冷藏柜冷藏存放备用。

图5.7.4 **茶汤处理**

3. **茶汤注入氮气咖啡机。**根据氮气咖啡机的容量大小，将前面备好的茶汤混合液注入氮气瓶。

图5.7.5 **注入茶汤**

4. **加入气弹。**在氮气咖啡机中加入颗粒型气弹。

图5.7.6　**加入气弹**

5. **调制出品。**取出出品杯，加入准备好的蜂蜜糖浆，再在出品杯中注满充有氮气的调制茶汤即可出品。

图5.7.7　**茶汤出品**

作品名称　草莓气泡茶

图5.7.8　草莓气泡茶

作品介绍

草莓气泡茶是市场上颇受消费者青睐的一款经典新式饮品。

草莓有鲜艳粉红的心形外观，有酸甜可口的多汁滋味，还有助于润肺生津等，本身就是很受欢迎的“水果皇后”，是新式茶饮产品开发中常用的水果。气泡水能够起到生津止渴以及促进血液循环的作用，在欧美国家一直作为清凉保健饮品。草莓气泡茶就是充分发挥草莓和二氧化碳气泡这两者的饮用特点及丰富营养，来加持云南月光白茶的清甜醇爽滋味和解热消暑的保健功能。

月光白茶品质清新淡雅，草莓风格酸酸甜甜，用柠檬调香增味，用冰块冰镇锁香，再加入二氧化碳气泡在口腔“炸裂”的刺激，形成草莓气泡茶特有体验感的良好风味。品饮时气泡茶的冰凉气泡“侵略性”极强，对口腔产生激烈的冲击，然后再慢慢消失，余下草莓肉粒的咀嚼感和满口的果香，以及白茶茶汤的清新自然与悠悠回味。

原料配料： 云南月光白茶，鲜草莓，黄柠檬，青柠檬，薄荷叶，稀糖水，冰块。

主要用具： 气泡水机、雪克杯、泡茶用具、量杯、过滤网、碎冰棒、刀和砧板等。

调制参数： 月光白白茶茶汤（适量），鲜草莓30克，黄柠檬1片，青柠檬1片，稀糖水60毫升，冰块100克，二氧化碳气体若干。

调制步骤

1. **气泡茶汤制备。** 白茶茶汤要提前准备，用量根据气泡水机制作瓶（PET水瓶）的容量确定。茶汤浓度按照茶水比1：40～1：45的浸泡比例冲泡，浸泡8分钟后将茶汤沥出，装入气泡水机制作瓶（PET水瓶）中放入冰箱冷却。用气泡水机向茶汤中注入二氧化碳气体，制成气泡茶汤备用。

图5.7.9 **白茶茶汤**

2. **原料准备。** 选择新鲜草莓清洗干净，沥干水分。将青柠檬、黄柠檬清洗干净并沥干水分后，切成2毫米左右厚度的薄片。按照调制需要量取稀糖水备用。

图5.7.10 **原料准备**

3. **原料调配。**将事先准备好的草莓投放到500毫升雪克杯中，用碎冰棒捣碎。然后在雪克杯中加入1片黄柠檬1片青柠檬，再倒入量好的稀糖水，用碎冰棒捣5～6次。主要目的是捣碎果肉挤出果汁。

图5.7.11 **草莓捣碎**

图5.7.12 **加糖**

4. **摇茶。**在添加好原料、配料的雪克杯中加入冰块，套上过滤网，盖上杯盖雪克，使杯中原料充分混合。

图5.7.13 **充分混合**

5. **装杯出品。**将摇制好的原料倒入出品杯中，再用事先制好的白茶气泡茶汤注满出品杯，最后用薄荷叶装饰，即可出品。

图5.7.14　**装杯**

图5.7.15　**成品**

附录

国家职业标准 GZB 4-03-02-10调饮师（人社厅发【2023】38号，2023年版）

1. 职业概况

1.1 职业名称

调饮师

1.2 职业编码

4-03-02-10

1.3 职业定义

在饮品店、餐厅等服务场所，以茶、果品、蔬菜、乳制品等食材为原料，设计、调配、制作口味多元化调制饮品并进行销售及调制展示的人员。

1.4 职业技能等级

本职业共设五个等级，分别为：五级/初级工、四级/中级工、三级/高级工、二级/技师、一级/高级技师。

1.5 职业环境条件

室内，常温。

1.6 职业能力特征

具有一定的学习、计算、分析、判断和表达能力；手指、手臂灵活，动作协调；色觉、味觉、嗅觉正常。

1.7 普通受教育程度

初中毕业。

1.8 职业培训要求

1.8.1 培训参考时长

五级/初级工不少于60标准学时；四级/中级工不少于80标准学时；三级/高级工不少于100标准学时；二级/技师不少于90标准学时；一级/高级技师不少于80标准学时。

1.8.2 培训教师

培训五级/初级工、四级/中级工的教师应具有本职业三级/高级工及以上职业资格（技能等级）证书或相关专业中级及以上专业技术职务任职资格；培训三级/高级工的教师应具有本职业二级/技师及以上职业资格（技能等级）证书或相关专业中级及以上专业技术职务任职资格；培训二级/技师的教师应具有本职业一级/高级技师职业资格（技能等级）证书或相关专业高级专业技术职务任职资格；培训一级/高级技师的教师应具有本职业一级/高级技师职业资格（技能等级）证书2年以上或相关专业高级专业技术职务任职资格2年以上。

1.8.3 培训场所设备

理论知识培训在标准教室内或计算机机房内进行，操作技能培训在具有相应调饮制作设备、必要的工作台和器具以及冷藏设备、上下水系统、进排风系统等辅助设备的场所进行。

1.9 职业技能评价要求

1.9.1 申报条件

具备以下条件之一者，可申报五级/初级工：

（1）年满16周岁，拟从事本职业或相关职业工作。

（2）年满16周岁，从事本职业或相关职业工作。

具备以下条件之一者，可申报四级/中级工：

（1）累计从事本职业或相关职业工作满5年。

（2）取得本职业或相关职业五级/初级工职业资格（职业技能等级）证书后，累计从事本职业或相关职业工作满3年。

（3）取得本专业或相关专业的技工院校或中等及以上职业院校、专科及以上普通高等学校毕业证书（含在读应届毕业生）。

具备以下条件之一者，可申报三级/高级工：

（1）累计从事本职业或相关职业工作满10年。

（2）取得本职业或相关职业四级/中级工职业资格（职业技能等级））证书后，累计从事本职业或相关职业工作满4年。

（3）取得符合专业对应关系的初级职称（专业技术人员职业资格）后，累计从事本职业或相关职业工作满1年。

（4）取得本专业或相关专业的技工院校高级工班及以上毕业证书（含在读应届毕业生）。

（5）取得本职业或相关职业四级/中级工职业资格（职业技能等级）证书，并取得高等职业学校、专科及以上普通高等学校本专业或相关专业毕业证书（含在读应届毕业生）。

（6）取得经评估论证的高等职业学校、专科及以上普通高等学校本专业或相关专业的毕业证书（含在读应届毕业生）。

具备以下条件之一者，可申报二级/技师：

（1）取得本职业或相关职业三级/高级工职业资格（职业技能等级）证书后，累计从事本职业或相关职业工作满5年。

（2）取得符合专业对应关系的初级职称（专业技术人员职业资格）后，累计从事本职业或相关职业工作满5年，并在取得本职业或相关职业三级/高级工职业资格（职业技能等级）证书后，从事本职业或相关职业工作满1年。

（3）取得符合专业对应关系的中级职称（专业技术人员职业资格）后，累计从事本职业或相关职业工作满1年。

（4）取得本职业或相关职业三级/高级工职业资格（职业技能等级）证书的高级技工学校、技师学院毕业生，累计从事本职业或相关职业工作满2年。

（5）取得本职业或相关职业三级/高级工职业资格（职业技能等级）证书满2年的技师学院预备技师班、技师班学生。

具备以下条件之一者，可申报一级/高级技师：

（1）取得本职业或相关职业二级/技师职业资格（职业技能等级）证书后，累计从事本职业或相关职业工作满5年。

（2）取得符合专业对应关系的中级职称后，累计从事本职业或相关职业工作满5年，并在取得本职业或相关职业二级/技师职业资格（职业技能等级）证书后，从事本职业或相关职业工作满1年。

（3）取得符合专业对应关系的高级职称（专业技术人员职业资格）后，累计从事本职业或相关职业工作满1年。

1.9.2 评价方式

分为理论知识考试、操作技能考核以及综合评审。理论知识考试以笔试、机考等方式为主，主要考核从业人员从事本职业应掌握的基本要求和相关知识要求；操作技能考核主要采用现场操作、模拟操作等方式进行，主要考核从业人员从事本职业应具备的技能水平；综合评审主要针对二级/技师和一级/高级技师，通常采取审阅申报材料、答辩等方式进行全面评议和审查。

理论知识考试、操作技能考核和综合评审均实行百分制，成绩皆达60分（含）以上为合格。

1.9.3 监考人员、考评人员与考生配比

理论知识考试中的监考人员与考生配比不低于1：15，且每个考场不少于2名监考人员；操作技能考核中的考评人员与考生配比不低于1：5，且考评人员为3人（含）以上单数；综合评审委员为3人（含）以上单数。

1.9.4 评价时长

理论知识考试时间不少于90 min；操作技能考核时间：五级/初级工、四级/中级工、三级/高级工不少于45 min，二级/技师、一级/高级技师不少于60 min；综合评审时间不少于20 min。

1.9.5 评价场所设备

理论知识考试在标准教室内或计算机机房内进行，操作技能考核在具有相应调饮制作设备、必要的工作台和器具以及冷藏设备、上下水系统、进排风系统等辅助设备的场所进行。

（相关职业：茶艺师、咖啡师、调酒师、品酒师、饮料制作工、评茶员。技工学校本专业或相关专业：茶艺、食品加工与检验、茶叶生产与加工;中等及以上职业学校本专业或相关专业：酒店服务与管理、民族风味食品加工制作、茶叶生产与加工。）

2. 基本要求

2.1 职业道德

2.1.1 职业道德基本知识

2.1.2 职业守则

（1）忠于职守，爱岗敬业。

（2）科学规范，安全卫生。

（3）团结协作，礼貌待客。

（4）钻研业务，精益求精。

（5）遵纪守法，诚实守信。

2.2 基础知识

2.2.1 现制饮品的基础知识

（1）现制饮品类型。

（2）现制饮品原料及特性。

（3）现制饮品的感官属性及识别。

2.2.2 现制饮品的制备知识

（1）原料制备的基本原则。

（2）饮品基底的制备知识。

（3）饮品调制知识。

2.2.3 现制饮品装饰的基本知识

（1）现制饮品装饰原则与方法。

（2）现制饮品装饰用料与准备。

2.2.4 现制饮品包装器具的基础知识

（1）现制饮品包装器具材质及其特性。

（2）现制饮品包装器具类型和使用。

（3）现制饮品包装标识基础要求。

2.2.5 现制饮品常用设备及器具使用知识

（1）现制饮品制备常用设备及器具类型和使用。

（2）现制饮品制备设备及器具日常维护基本知识。

（3）成品、半成品储存器具相关知识。

2.2.6 现制饮品服务基本知识

（1）仪表仪容。

（2）礼节礼貌。

（3）公共关系。

（4）社交艺术。

2.2.7 食品营养卫生知识

（1）食品营养基础知识。

（2）食品卫生基础知识。

2.2.8 安全基础知识

（1）加工设备及器具安全操作知识。

（2）安全用电知识。

（3）防火防爆知识。

（4）环境卫生知识。

2.2.9 相关法律、法规知识

（1）《中华人民共和国劳动法》相关知识。

（2）《中华人民共和国食品安全法》相关知识。

（3）《中华人民共和国消费者权益保护法》相关知识。

（4）《中华人民共和国产品质量法》相关知识。

（5）《中华人民共和国食品安全法实施条例》相关知识。

（6）《饮食服务食品安全监督管理办法》相关知识。

（7）《食品安全国家标准餐饮服务通用卫生规范》相关知识。

（8）《食（饮）具消毒卫生标准》相关知识。

（9）其他法律、法规及技术标准相关知识。

3. 工作要求

本标准对五级/初级工、四级/中级工、三级/高级工、二级/技师、一级/高级技师的技能要求和相关知识要求依次递进，高级别涵盖低级别的要求。

3.1 五级/初级工

职业功能	工作内容	技能要求	相关知识要求
1. 饮品服务	1.1 顾客接待	1.1.1 能根据顾客需求推荐饮品 1.1.2 能按顾客需求下单和结账 1.1.3 能处理互联网订单 1.1.4 能制备饮品所需的包装材料	1.1.1 点单流程与规范基础知识 1.1.2 顾客消费心理知识 1.1.3 饮品出品流程知识 1.1.4 饮品出品包装材料知识
	1.2 日常清洁	1.2.1 能清洁个人卫生 1.2.2 能清洁、消毒和整理工作场所	个人卫生及工作场所卫生清洁管理制度

续表

职业功能	工作内容	技能要求	相关知识要求
2. 饮品制作	2.1 原辅料、器具和设备准备	2.1.1 能准备原辅料所用设备、器具 2.1.2 能按照要求处理原辅料	原辅料预处理操作流程
	2.2 饮品半成品制备	2.2.1 能操作设备制备茶、咖啡等基底 2.2.2 能操作设备制备新鲜果蔬半成品 2.2.3 能调制糖浆等 2.2.4 能操作设备制备冰沙、雪泥、冰激凌、奶昔、奶盖等半成品 2.2.5 能制作奶冻、果冻、粉圆、酱汁、布丁等半成品小料	半成品制作流程与规范
3. 设备、器具清洁与维护	3.1 设备、器具清洁、消毒	3.1.1 能清洁消毒所用设备、器具和操作台 3.1.2 能归位整理所用设备、器具	3.1.1 吧台设备使用方法 3.1.2 设备、器具清洁、消毒方法
	3.2 设备、器具性能确认	3.2.1 能判断设备工作性能 3.2.2 能判断器具完整性	设备、器具性能确认规程

3.2 四级/中级工

职业功能	工作内容	技能要求	相关知识要求
1. 饮品服务	1.1 顾客接待	1.1.1 能向顾客介绍产品特点 1.1.2 能安排饮品制作顺序	饮品制作流程
	1.2 客诉处理	1.2.1 能处理客户投诉 1.2.2 能进行顾客群体的日常维护	1.2.1 订单投诉处理流程知识 1.2.2 顾客维护知识
2. 饮品制作	2.1 饮品原辅料验收与贮存	2.1.1 能判断原辅料品质 2.1.2 能按照标准要求验收原辅料 2.1.3 能根据原辅料保质期及用量管理食材出入库 2.1.4 能处理不合格原辅料 2.1.5 能贮存原辅料 2.1.6 能处理过期及变质食材	2.1.1 原辅料验收标准 2.1.2 原辅料品质标准 2.1.3 库存量的控制知识

续表

<table>
<tr><th>职业功能</th><th>工作内容</th><th>技能要求</th><th>相关知识要求</th></tr>
<tr><td>2. 饮品制作</td><td>2.2 饮品调制</td><td>2.2.1 能按流程使用茶基底、半成品小料和辅料等制作调制茶类饮品
2.2.2 能按流程使用果蔬基底和半成品小料、辅料等制作果蔬类饮品
2.2.3 能按照流程使用咖啡基底、巧克力、可可和半成品小料、辅料等制作调制咖啡、巧克力、可可类饮品
2.2.4 能按照流程使用奶制品、茶基底、咖啡基底、果蔬半成品和半成品小料等多种主辅料混合制作奶茶类饮品
2.2.5 能按照流程使用特色主辅料、半成品小料制作滋补养生类饮品</td><td>饮品制作相关知识</td></tr>
<tr><td rowspan="2">3. 设备、器具清洁与维护</td><td>3.1 设备基本故障判断与排除</td><td>3.1.1 能分析制冰机、奶盖机、热水机、果糖机等设备常见故障原因
3.1.2 能按操作规程检查器具和设备
3.1.3 能排除设备常见故障</td><td>3.1.1 设备基本构造和工作原理
3.1.2 设备操作的安全知识</td></tr>
<tr><td>3.2 设备、器具维护</td><td>3.2.1 能进行器具与设备的常规维护
3.2.2 能做好维修保养记录</td><td>设备常规维护与保养方法</td></tr>
</table>

3.3 三级/高级工

<table>
<tr><th>职业功能</th><th>工作内容</th><th>技能要求</th><th>相关知识要求</th></tr>
<tr><td rowspan="2">1. 饮品制作</td><td>1.1 调制饮品</td><td>1.1.1 能根据饮品特性和造型搭配相应器具
1.1.2 能开发新的饮品原料
1.1.3 能按原料特性制作创意饮品</td><td rowspan="2">1.1.1 饮品制备相关知识
1.2.2 现制饮品原料特性知识</td></tr>
<tr><td>1.2 饮品流程优化</td><td>1.2.1 能制定既有饮品生产流程简化方案
1.2.2 能调整物料定位、饮品制作顺序等、缩短每杯饮品制作时长</td></tr>
</table>

续表

职业功能	工作内容	技能要求	相关知识要求
2. 饮品质量控制	2.1 原辅料质量控制	2.1.1 能筛选与抽检配方中原辅料 2.1.2 能发现并解决制作过程中饮品质量问题	2.1.1 原辅料质量管理规范 2.1.2 饮品制作质量知识
	2.2 半成品、成品质量控制	2.2.1 能按照销售情况安排当日半成品制作量和使用顺序 2.2.2 能按照销售情况和饮品制作工艺确定成品储备量	
3.饮品品鉴	3.1 饮品造型、色彩评价	3.1.1 能分析饮品造型特征 3.1.2 能分析饮品色彩搭配特征	3.1.1 饮品造型、色彩搭配评价因素知识 3.1.2 饮品风味品质评价因素知识 3.1.3 饮品成品标准配方
	3.2 饮品风味品质品鉴	3.2.1 能分析饮品风味特征 3.2.2 能鉴别成品风味与标准配方差别 3.2.3 能根据饮品风味品质特征总结饮品质量的关键因素	
4. 营销管理	4.1 营销活动	4.1.1 能根据产品特性配合制定销售方案 4.1.2 能执行营销计划	4.1.1 营销知识 4.1.2 门店物料使用规范
	4.2 销售实务	4.2.1 能记录原辅料使用情况 4.2.2 能解答顾客对饮品提出的问题	

3.4 二级/技师

职业功能	工作内容	技能要求	相关知识要求
1. 饮品制作	1.1 饮品研发	1.1.1 能研发和制定饮品配方 1.1.2 能根据饮品配方和饮品所要表达的主题，设计饮品色彩搭配和造型	原辅料制作工艺知识
	1.2 饮品工艺设计和创新	1.2.1 能根据饮品配方、制定饮品制作工艺流程 1.2.2 能设计制作创新饮品 1.2.3 能根据饮品配方和工艺，核算产品成本	

续表

<table>
<tr><th>职业功能</th><th>工作内容</th><th>技能要求</th><th>相关知识要求</th></tr>
<tr><td rowspan="2">2. 饮品质量控制</td><td>2.1 标准执行</td><td>2.1.1 能执行原辅料质量控制标准
2.1.2 能监督并反馈原辅料质量控制执行情况</td><td rowspan="2">2.1.1 感官对样评价方法
2.1.2 食品质量管理体系</td></tr>
<tr><td>2.2 结果判定</td><td>2.2.1 能进行原辅料对样评价
2.2.2 能判定成品感官指标与标准配方差别</td></tr>
<tr><td rowspan="2">3. 饮品品鉴</td><td>3.1 饮品造型、色彩评价</td><td>3.1.1 能综合评价饮品造型设计和色彩搭配
3.1.2 能根据外观评价结果，分析造型设计、色彩搭配和制作缺陷，提出改进方案</td><td>3.1.1 饮品包装设计知识
3.1.2 食品色彩搭配技巧
3.1.3 饮品装杯设计知识</td></tr>
<tr><td>3.2 饮品风味品质品鉴</td><td>3.2.1 能通过感官评价茶叶、水果、蔬菜、乳及其制品等原辅料的风味品质特征
3.2.2 能通过感官综合评价饮品风味品质
3.3.3 能根据感官评定结果，分析饮品配方和制作工艺的缺陷，提出改进方案</td><td>原辅料的感官评价方法</td></tr>
<tr><td rowspan="2">4. 培训与指导</td><td>4.1 培训</td><td>4.1.1 能培训三级/高级工及以下级别人员
4.1.2 能制定三级/高级工及以下级别人员培训计划</td><td rowspan="2">4.1.1 培训计划制订相关知识
4.1.2 培训教学与组织技巧
4.1.3 专业技能指导方法</td></tr>
<tr><td>4.2 指导</td><td>4.2.1 能指导实施培训计划
4.2.2 能指导三级/高级工及以下级别人员的技能训练</td></tr>
<tr><td rowspan="2">5. 营销管理</td><td>5.1 营销策划</td><td>5.1.1 能总结分析营销活动执行效果
5.1.2 能编写营销活动执行评估报告</td><td rowspan="2">5.1.1 市场营销策划知识
5.1.2 信息采集方法
5.1.3 门店管理实用技能与规范
5.1.4 门店运营基本常识</td></tr>
<tr><td>5.2 销售维护</td><td>5.2.1 能维护顾客
5.2.2 能开发顾客</td></tr>
</table>

3.5 一级/高级技师

职业功能	工作内容	技能要求	相关知识要求
1. 饮品制作	1.1 饮品研发	1.1.1 能根据市场需求，设计饮品主题 1.1.2 能根据饮品主题，开发、设计系列新型饮品	1.1.1 研发工作流程 1.1.2 编制方案、文案基本方法 1.1.3 产品成本优化方法
	1.2 饮品方案制定	1.2.1 能编制产品设计方案 1.2.2 能编制饮品推介文案 1.2.3 能优化产品成本	
2. 饮品质量控制	2.1 原辅料质量统计	2.1.1 能复核原辅料品质判断结果 2.1.2 能纠正原辅料品质判定误差	2.1.1 原辅料质量评判标准 2.1.2 食品生物化学相关知识
	2.2 综合评定	2.2.1 能分析饮品品质缺陷形成原因 2.2.2 能制定原辅料质量差异的优化方案	
3. 饮品品鉴	3.1 综合品鉴	3.1.1能综合评估现制饮品，解决制作过程中影响品质的技术难题 3.1.2能按饮品造型、色彩和风味品质评定要求设计 品质记录表	3.1.1 饮品感官分析知识 3.1.2 品质记录表的制作与设计要求知识
	3.2 品鉴体系搭建	3.2.1 能制定各等级工的品鉴能力学习方案 3.2.2 能制定各生产阶段饮品质量控制的标准 3.2.3 能完善全套饮品品鉴方案（原料、半成品、成品）	3.2.1 原料、成品综合标准 3.2.2 培训体系搭建能力
4. 培训与指导	4.1 培训	4.1.1 能编写二级/技师及以下级别人员培训大纲、计划和教案 4.1.2 能承担二级/技师及以下级别人员教学培训	4.1.1 教育学知识 4.1.2 教案编写的相关知识
	4.2 指导	4.2.1 能指导二级/技师及以下级别人员运用感官评价方法评定饮品风味等 4.2.2 能指导二级/技师及以下级别人员进行感官评价训练 4.2.2 能评估、指导培训效果	4.2.1 专业技能指导的考评方法 4.2.2 培训效果评估方法
5. 营销管理	5.1 组织策划	5.1.1 能制定开店方案 5.1.2 能进行门店商圈预评及分析	5.1.1 市场综合评估知识 5.1.2 人力资源管理知识
	5.2 门店运营管理	5.2.1 能对团队人员进行分工和管理 5.2.2 能带领团队完成既定目标	

4. 权重表

4.1 理论知识权重表

项目 \ 技能等级		五级/初级工（%）	四级/中级工（%）	三级/高级工（%）	二级/技师（%）	一级/高级技师（%）
基本要求	职业道德	5	5	5	5	5
	基础知识	35	30	20	10	5
相关知识要求	饮品服务	10	15	—	—	—
	饮品制作	40	35	30	25	25
	设备、器具清洁与维护	10	15	—	—	—
	饮品质量控制	—	—	25	20	20
	饮品品鉴	—	—	15	20	25
	培训与指导	—	—	—	10	10
	营销管理	—	—	5	10	10
合计		100	100	100	100	100

4.2 技能要求权重表

项目 \ 技能等级		五级/初级工（%）	四级/中级工（%）	三级/高级工（%）	二级/技师（%）	一级/高级技师（%）
技能要求	饮品服务	25	25	—	—	—
	饮品制作	45	55	50	35	35
	设备、器具清洁与维护	30	20	—	—	—
	饮品质量控制	—	—	20	20	15
	饮品品鉴	—	—	20	20	25
	培训与指导	—	—	—	10	10
	营销管理	—	—	10	15	15
合计		100	100	100	100	100

参考文献

[1] 蔡烈伟，陈开梅．新式奶茶系列产品设计与制作[J]．中国茶叶．2021，43（10）：55-58.

[2] 余悦．中国茶艺的流变与流派——在日本东京演讲提要[J]．农业考古．2008（05）：146-156.

[3] 杨晔．膳夫经手录[M]．陈祖槼，朱自振．中国茶叶历史资料选辑．北京：农业出版社，1981.

[4] 周翠英，苏美娟．“茶汤”考[J]．农业考古．2022（02）：33-40.

[5] （唐）陆羽．茶经[M]．杭州：浙江古籍出版社，2011.

[6] 邹勋，洪漠如，孟涛．我国奶茶的演进历史探究[J]．农业考古．2023（02）：28-32.

[7] 蔡烈伟，陈开梅．新式水果茶系列产品设计与制作[J]．中国茶叶．2021，43（11）：7-10.

[8] 井睿宇，黄艳，谢忞之，等．且试“新茶”——从“新式茶饮”中探寻茶文化自信[J]．茶叶通讯．2023，50（04）：560-564.

[9] 张晓琳，朱方石，王小宁，等．“食饮有节”与现代膳食养生[J]．中医杂志．2014，55（22）：1913-1916.

[10] 龚永新．茶文化与茶道艺术[M]．北京：中国农业出版社，2014.

[11] 李涛．茶与云南少数民族[J]．云南档案．2018（12）：24-26.

[12] 马银平．中国药茶的起源、现代应用及发展前景[J]．中国当代医药．2023，30（07）：134-137＋141.

[13] 新华网，中国农科院茶研所，奈雪的茶.《2022年新式茶饮高质量发展报告》2022. 12.

[14] 朱金虎，黄卉，等. 食品中感官评定发展现状[J]. 食品工业科技. 2012，33（8）：398-401.

[15] 罗龙新. 新式茶饮产品及其茶叶原料的创新与启示[J]. 中国茶叶. 2021，43（09）：12-16.

[16] 余含章. 中国饮食文化杂谈[J]. 科技智囊，2012（06）：74-79.

[17] 尹军峰. 新式茶饮业现状与发展趋势[J]. 中国茶叶. 2021，43（08）：1-6.

[18] 国家市场监督管理总局，国家标准化管理委员会. 茶叶感官审评方法：GB/T 23776—2018[S]. 北京：中国标准出版社，2018.

[19] 全国茶叶标准化技术委员会. 茶叶感官审评术语：GB/T14487—2017[S]. 北京：中国标准出版社，2017.

[20] 中国营养学会.《中国居民膳食指南（2022）》[M]. 北京：中国卫生出版社，2022.

[21] 高裕锋，李明富，等. 食糖的科学认知与健康消费[J]. 甘蔗糖业. 2023，52（06）：54-62.

[22] 黄建安，施兆鹏. 茶叶审评与检验[M]. 北京：中国农业出版社，2022.

[23] 王飞，孙云，蔡烈伟. 新式茶饮产业演变进程与发展特点[J]. 安徽农学通报. 2022，28（04）：114-116.

[24] 曾小燕，蔡烈伟. 新式茶饮的茶基底创新[J]. 中国茶叶加工. 2021（04）：70-73.

[25] 蔡烈伟，陈开梅. 混合茶及抹茶系列新式茶饮产品设计与制作[J]. 中国茶叶. 2021，43（12）：11-15.

[26] 李书魁. 抹茶生产现状与质量安全控制[J]. 中国茶叶. 2019，41（08）：24-29.

[27] 朱志国. 中国饮食的历史文化特征[J]. 开封教育学院学报. 2017，37（08）：225-226.

[28] 高熳熳，张林奇，王晓蕊，等. 不同品牌和年份普洱茶的主要品质成分比较研究[J]. 食品研究与开发. 2021，42（16）：16-22.

[29] 乔大河，陈娟，梁思慧，等．绿茶风味品质形成的研究进展[J]．贵茶．2022（04）：5-30.

[30] 丁其欢，武珊珊，等．工夫红茶研究进展[J]．热带农业科学．2021，41（04）：110-116.

[31] 张欣，刘帅，赵洁，等．乌龙茶品质的研究进展[J]．中国食物与营养．2020，26（09）：21-25.

[32] 卫聿铭，宁井铭，张梁，等．黄茶功能性成分与健康功效研究进展[J]．中国茶叶．2021，43（10）：46-54.

[33] 叶文祺，蔡烈伟．不同产地白茶的感官品质及化学成分分析[J]．特种经济动植物．2023，26（03）：24-26.

[34] 夏涛．制茶学[M]．北京：中国农业出版社，2016.

[35] 赵梦莹，陈彬，占鑫怡，等．新式茶饮茶基底应用现状研究进展[J]．亚热带农业研究，2022，18（04）：279-286.

[36] 周翠英，苏美娟．“茶汤”考[J]．农业考古．2022（02）：33-40.

[37] 刘勤晋．茶文化学[M]．北京：中国农业出版社，2011.

[38] 毕雪飞，赵咪咪．茶俗的形成、发展与当代传承[J]．中国非物质文化遗产，2023，3：109-117.